ABHANDLUNGEN DES METEOROLOGISCHEN DIENSTES
DER DEUTSCHEN DEMOKRATISCHEN REPUBLIK

Nr. 126 (Band XVII)

ULRICH WENDLING

Messung der Bodenfeuchte mit Neutronensonden im Stationsnetz des Meteorologischen Dienstes der DDR

Mit 21 Abbildungen und 19 Tabellen

AKADEMIE-VERLAG · BERLIN
1981

Erschienen im Akademie-Verlag, DDR-1080 Berlin, Leipziger Straße 3—4

Lizenznummer: 202 · 100/449/81
Gesamtherstellung: VEB Druckerei „Thomas Müntzer", 5820 Bad Langensalza
Bestellnummer: 762 886 6 (2023/126) · LSV 1465
Printed in GDR
DDR 24,— M
ISSN 0138-1105

Inhaltsverzeichnis

Einleitung

Auf Initiative und unter Leitung von Herrn Prof. Dr. Dr. h. c. A. Mäde kamen ab 1965 Neutronensonden aus der Produktion der DDR für Bodenfeuchtemessungen im Stationsnetz des Meteorologischen Dienstes der DDR zum Einsatz. Die systematischen Bodenfeuchtemessungen an Meteorologischen Stationen begannen im Bereich der damaligen Landeswetterwarte Sachsen-Anhalt im Sommer 1947, ebenfalls auf Betreiben von Mäde. Ab 1950 erstreckte sich das Meßnetz auf die gesamte DDR und umfaßte bis zu 27 Stationen. Die Bodenfeuchtewerte dienten in den zurückliegenden Jahrzehnten vorwiegend der Beratung der Landwirtschaft und waren ein wichtiger Beitrag zur Erfüllung der Hauptaufgabe des Meteorologischen Dienstes, der bestmöglichen Versorgung der Staatsorgane und aller Bereiche der Volkswirtschaft mit meteorologischen Informationen.

Die Messungen erfolgten zunächst mit der gravimetrischen Methode (s. Abschn. 1.3) aus der Bodenschicht bis 1 m Tiefe in Masse-%. An den agrarmeteorologischen Forschungseinrichtungen wurden auch Bodenfeuchtemessungen mit dem Volumenbohrer nach Mäde (1952) durchgeführt. Damit läßt sich die Bodenfeuchte in der Maßeinheit Volumen-% (s. Definitionen in Abschn. 1.3) erfassen, was für die Bilanzierung mit Niederschlägen und Verdunstung von Vorteil ist. Nachdem Unger (1961) die Herstellung von Neutronensonden zur Feuchtemessung beim VEB VAKUTRONIK Dresden (heute VEB RFT MESSELEKTRONIK „Otto Schön") angeregt hatte, war die Möglichkeit gegeben, auch im Bodenfeuchtemeßnetz auf diese modernen radiometrischen Geräte umzustellen.

Mit dieser Arbeit werden die Untersuchungsergebnisse zur Anpassung der Neutronen-Bodenfeuchtesonden, die von der Industrie zur Feuchte- und Dichtemessung in beliebigen Schüttgütern entwickelt worden sind, an die Bedingungen in dem Meßnetz des Meteorologischen Dienstes der DDR zusammengefaßt. Insbesondere war ein Kalibrierverfahren zu entwickeln, daß sich für den Einsatz von Sonden an einer größeren Zahl von Standorten mit möglichst unterschiedlichen Böden eignet. Dieses Verfahren mußte die in der Literatur angegebenen theoretischen Beziehungen zwischen der Anzeige der Neutronensonde und der Meßgröße Bodenfeuchte möglichst gut realisieren und mit ökonomisch vertretbarem Aufwand für die einzurichtenden ca. 15 Stationen anwendbar sein. Weiterhin waren die zu erwartenden Meßfehler zu untersuchen, die sich zusammensetzen aus

- dem Fehler bei der Aufnahme der Kalibrierbeziehung,
- den inneren Fehlern der Geräte bei homogener Bremssubstanz,
- den äußeren Fehlern bei homogener Bremssubstanz,
- den zusätzlichen Fehlern durch die Inhomogenität des Bodens.

Im Anschluß an den meßtechnischen Teil sollen Beispiele die Anwendung der Bodenfeuchtedaten für Wasserhaushaltsuntersuchungen zeigen, wobei die Auswirkungen der geräte- und bodenbedingten Fehler ersichtlich werden.

1. Die Bodenfeuchte und ihre meßtechnische Erfassung

1.1. Die Bedeutung der Bodenfeuchte

Gegenwärtig entwickeln sich in der sozialistischen Landwirtschaft der DDR zunehmend industriemäßige Formen der Produktion. Die hierfür eingesetzten hohen Investitionen sollen insbesondere die Pflanzenproduktion von negativen Witterungseinflüssen unabhängiger machen und damit zur Stabilisierung der Erträge beitragen. In unserem Klimabereich bildet der Niederschlag den entscheidenden negativen Witterungsfaktor, der bei größeren Abweichungen von der Norm zu Verlusten in der Landwirtschaft führt. Der Niederschlag beeinflußt im wesentlichen die Bodenfeuchte, und auch die genannten negativen Witterungseinflüsse wirken sich vorwiegend in Extremen der Bodenfeuchte, Vernässung bzw. Austrocknung der obersten Bodenschichten im Verlaufe der Vegetationsperiode, aus.

Durch Meliorationsmaßnahmen gelingt es heute, den Wasserhaushalt des Bodens immer besser zu beherrschen. Voraussetzung dafür ist jedoch die genaue Kenntnis der Bodenfeuchteverhältnisse im Jahresgang sowie die Häufigkeit des Auftretens von Extremen mit negativen Auswirkungen auf Pflanze, Boden, Arbeitsorganisation oder landwirtschaftlichen Transport.

In der Pflanzenproduktion bestimmen die aus dem Boden verfügbaren Wassermengen in Verbindung mit den agrotechnischen und agrochemischen Maßnahmen das Ertragspotential eines Standortes. Die Pflanzen entnehmen das benötigte Wasser mit ihren Wurzeln aus den verschiedenen Bodenschichten und geben es durch die Blätter an die Atmosphäre ab. Dabei transportiert das Wasser in den Pflanzenteilen Nährsalze und Assimilationsprodukte. Für alle Forschungsarbeiten zur Ertragsbildung, Ertragsprognose, Lagerungsqualität usw. und deren Anwendung in der Praxis ist die Kenntnis der Bodenfeuchte unerläßlich. Das gleiche gilt z. B. für Untersuchungen zur Wirkung der Beregnung und der Bewässerung, der Düngung und des Maschineneinsatzes.

Ihrer Bedeutung entsprechend gehört die Bodenfeuchte zum Aufgabengebiet der landwirtschaftlichen Bodenkunde. Die Bodenfeuchte stellt damit kein meteorologisches Element dar (FLEMMING 1969). Trotzdem befaßt man sich auch in der Agrarmeteorologie weltweit mit Untersuchungen zur Bodenfeuchte, weil

- die Bodenfeuchte das direkte Ergebnis der meteorologischen Vorgänge Niederschlag und Verdunstung ist und daher für alle Wasserhaushaltsbetrachtungen benötigt wird,
- die Bodenfeuchte ein wichtiger Faktor bei allen Wärmehaushaltsuntersuchungen ist,
- das bestehende Netz von Meteorologischen Stationen und deren Ausrüstung für die regelmäßige Messung und Übermittlung der Bodenfeuchte-Daten besonders geeignet ist und für diesen Zweck meist eine ökonomisch günstige Lösung darstellt,
- die Forderungen nach Bodenfeuchteangaben, insbesondere von Seiten der Landwirtschaft, befriedigt werden müssen.

So sind für die agrarmeteorologische Beratung des Meteorologischen Dienstes die regelmäßigen Bodenfeuchtemessungen eine der wichtigsten Grundlagen.

Die Agrarmeteorologen der UdSSR beschäftigen sich schon seit mehr als 50 Jahren intensiv mit den Fragen der Bodenfeuchte. Das Netz der agrarmeteorologischen Stationen der UdSSR liefert regelmäßige Informationen über den Bodenfeuchtegehalt unter verschiedenen Pflanzenbeständen. Zur Messung wird die gravimetrische Methode und die Gamma-Sonde (DANILIN 1955, 1957) verwendet. Weiterhin liegen Verfahren zur Schätzung des Bodenfeuchteverlaufs aus klimatologischen Daten vor (VERIGO 1961, RAZUMOVA 1965, GRIGOR'EVA und ŠPACK 1967 u. a.), die eine breite Anwendung auch außerhalb der Sowjetunion gefunden haben (DILKO 1968). Bodenfeuchtewerte sind als Eingangsgrößen für Ertragsprognosen-Modelle besonders gut geeignet (ULANOVA 1965, SINEL'ŠČIKOV 1968 u. a.). Auch in den in der DDR entwickelten Modellen des Zusammenhanges zwischen Witterung und Ertragsbildung landwirtschaftlicher Kulturpflanzen findet die Bodenfeuchte vielfach Verwendung, da sie als komplexe Größe die Wirkung der verschiedenen Witterungsfaktoren gut kennzeichnet (RAEUBER u. a. 1965, KOITZSCH u. a. 1965).

Die Wasservorräte im Boden haben jedoch weit über den Bereich der Pflanzenproduktion hinaus Bedeutung. Das beweist die Nutzung der beim Meteorologischen Dienst der DDR vorliegenden Bodenfeuchte-Meßreihen bei Auskünften und Gutachten für verschiedene Volkswirtschaftszweige. Nutzer sind vor allem das Bauwesen (Dammschüttungen im Erd- und Wasserbau, Baugrunduntersuchungen), das Transportwesen (Befahrbarkeit, landwirtschaftlicher Transport), die Energieversorgung (Wärmeableitung bei Erdkabeln) und die Wasserwirtschaft (Hochwasserprognose, Grundwasserneubildung).

In der Wasserwirtschaft und in der Hydrometeorologie sind lange Meßreihen der Bodenfeuchte für alle Fragen der Erforschung des Gebietswasserhaushalts von Bedeutung. Für viele Zwecke reicht heute die Abschätzung der Jahresverdunstung eines Gebietes aus der Wasserhaushaltsgleichung unter Vernachlässigung der Bodenfeuchteänderung nicht mehr aus (RICHTER 1972). Erst Bodenfeuchtemessungen in der Schicht über dem Grundwasser ermöglichen die Aufgliederung der mittleren Jahressummen der Verdunstung auf einzelne Jahre bzw. Monate. Nur so sind beispielsweise für die Einzugsgebiete von Wasserwerken genaue Aussagen über die Wahrscheinlichkeit von längeren Austrocknungsperioden zu machen, in denen der Wassermangel zu Einschränkungen zwingt.

Bei der Erforschung des Mikroklimas, dem Ergebnis des Wärme- und Wasserhaushalts der Bodenoberfläche, bildet die Bodenfeuchte eine wichtige Komponente. Sie kommt besonders über ihren Einfluß auf die Wärmeleitfähigkeit und die Wärmekapazität des Bodens zur Wirkung. Der Wärmefluß ist in einem feuchten Boden wesentlich größer als in einem trokkenen. Einerseits ist die Albedo des feuchten Bodens kleiner, andererseits die Wärmeleitfähigkeit bedeutend größer. Nach SAPOŽNIKOVA (1950) steigt die Wärmeleitfähigkeit besonders im Bodenfeuchtebereich zwischen 0 und 5 Vol.-% stark an, und zwar bei Sandboden um das Vierfache (von 0,12 auf 0,46 W m^{-1} K^{-1}). Steigt die Bodenfeuchte von 15 auf 20 Vol.-% an, so erfolgt nur eine Zunahme der Wärmeleitfähigkeit von 0,80 auf 1,05 W m^{-1} K^{-1}. Auch die Wärmekapazität erhöht sich mit dem Wassergehalt des Bodens, so daß sich ein feuchter Boden bei gleicher zugestrahlter Energie langsamer erwärmt als ein trockener. Dadurch neigt ein trockener Boden eher zu Frostschäden an seiner Oberfläche, weil der Wärmenachschub aus dem Untergrund gering ist. Hier bewirkt die Beregnung über die Steigerung der Wärmeleitung aus dem Boden einen gewissen Frostschutz.

Es sei in diesem Zusammenhang auf die von PHILIPPS (1940) aufgestellte Theorie der nächtlichen Abkühlung in Bodennähe verwiesen, die von REUTER (1947) erweitert worden ist. Danach beträgt die nächtliche Temperaturänderung an der Bodenoberfläche in 10 Stunden über nassem Sand —9 K, über trockenem Sand —22 K. Bei der Berechnung wurde ein Austauschkoeffizient von 1,0 g cm^{-1} s^{-1} und Temperaturgradienten zwischen —1 und +3 K/100 m angenommen (GEIGER 1961). Über den Zusammenhang zwischen Bodenfeuchte und Verdunstung wird der Wärmehaushalt der Bodenoberfläche beeinflußt, so daß die hohe Verdunstung feuchter Flächen am Temperaturgang im Boden nachzuweisen ist. Die Wirkung der Bodenfeuchte auf den Wärmehaushalt ist nicht nur auf den Mikroklima-Bereich beschränkt, sondern läßt sich unter bestimmten Bedingungen auch in der Höhe nachweisen. So ist z. B. die thermische Konvektion in hohem Maße vom Wassergehalt der obersten Bodenschicht abhängig (GEIGER 1961).

Ebenso wie für die Meteorologie ist die Kenntnis der Bodenfeuchte für einige andere Disziplinen der Naturwissenschaften wichtig. Im Vordergrund steht dabei die Bodenkunde, zu deren Aufgabengebiet die Untersuchung der Dynamik des Wassers im Boden gehört. Weiterhin führen verschiedene Geowissenschaften (Geographie, Geologie, Botanik u. a.) Forschungsarbeiten zum Wassergehalt und zur Wasserbewegung im Boden durch. Diese große Vielfalt der Interessen an der Bodenfeuchte erschwert die Arbeit bei der Begriffsbestimmung, der Meßmethodik und vor allem bei der Auswertung, so daß noch keine Einheitlichkeit erreicht wurde.

1.2. Definition der Bodenfeuchte

Gemäß TGL 31 222/01 ist die Bodenfeuchte (auch als Bodenwasser bezeichnet) das „in Bodenporen enthaltene und/oder an der Festsubstanz locker gebundene und bei der Trocknung der Bodenproben bei 105 °C bis zur Massekonstanz entweichende Wasser". Die Bodenfeuchte wird vorzugsweise angegeben als:

Masseprozent (M.-%) $F_M = 100\, m_w/m_s$
Volumenprozent (Vol.-%) $F_V = 100\, V_w/V = F_M \cdot \varrho/\varrho_w$
Schicht-Wassermenge (mm) $FG = F_V \cdot D$

Dabei bedeuten m_w die Masse des Bodenwassers, m_s die Trockenmasse der Bodensubstanz, V_w das Volumen des Bodenwassers, jeweils bezogen auf die entnommene Bodenprobe und V das Gesamtvolumen der Bodenprobe. ϱ bzw. ϱ_w sind die Trockenrohdichte des Bodens bzw. die Dichte des Wassers und D die Schichtdicke (in dm), für die FG angegeben ist.

1.3. Die wichtigsten Verfahren zur Messung der Bodenfeuchte

Der Bedeutung der Bodenfeuchte für die verschiedenen Anwendungsgebiete entsprechend wurde eine Vielzahl von Verfahren und Geräten zur Erfassung dieser Größe entwickelt. Nur wenige dieser Geräte liefern befriedigende Meßergebnisse, da meist die Vorteile durch eine Reihe von Mängeln aufgehoben werden.

Nach Paršin (1971) ist ein Bodenfeuchtemeßgerät für agrarmeteorologische Untersuchungen an Stationen des Hydrometeorologischen Dienstes der UdSSR dann geeignet, wenn es folgende Forderungen erfüllt:

- Es müssen Meßtiefen von 1,50 ... 2,00 m erreichbar sein,
- die Meßfehler müssen unter 1 Vol.-% liegen,
- es müssen zuverlässige Messungen im gesamten Bereich zwischen lufttrockenem und wassergesättigtem Boden möglich sein,
- die Meßdauer in einem Profil darf nicht über 30 min betragen,
- der zu tragende Teil des Gerätes soll keine größere Masse als 5 kg haben,
- das Gerät muß für jede Art von Transport geeignet sein,
- die Einsatzbedingungen müssen bei —20° ... +50 °C und 98% relativer Feuchte liegen,
- die Garantiezeit sollte mindestens 3 Jahre betragen.

Die gleichen Forderungen wären an ein Bodenfeuchte-Meßgerät für den Einsatz im Meteorologischen Dienst der DDR zu stellen.

Nachfolgend sind die wichtigsten Bodenfeuchte-Meßverfahren zusammen mit ihren Vor- und Nachteilen angegeben. Es ist hier keine vollständige und historisch exakte Darstellung aller Bemühungen zur Entwicklung von Verfahren und Geräten für die Messung der Bodenfeuchte möglich. Eine ausführliche Beschreibung der wichtigsten Verfahren findet man bei Hesse (1966) wie auch bei Sprigade (1970).

1.4. Die im Stationsnetz des Meteorologischen Dienstes der DDR eingesetzten Neutronen-Bodenfeuchtesonden

Von den unten beschriebenen Geräten kommt die Neutronen-Bodenfeuchtesonde den von Paršin aufgestellten Forderungen am nächsten. Während alle auf einer Probeentnahme beruhenden Methoden als Bohrer und Schlagwerkzeuge relativ schweres Gerät und außerdem einen hohen Zeitaufwand erfordern, sind Tensiometer, thermische und elektrische Methoden nur in den obersten Bodenschichten einsetzbar. Die übrigen Methoden scheiden wegen zu geringer Genauigkeit bzw. zu hohem Aufwand aus.

Bei der Neutronen-Bodenfeuchtesonde entspricht die Genauigkeit und die Betriebssicherheit noch nicht voll den Forderungen, worauf in den folgenden

Übersicht über die wichtigsten Bodenfeuchte — Meßverfahren

Direkte Verfahren	Vorteile	Nachteile
Gravimetrische Methode Probeentnahme aus dem Boden und Trocknung bei 105 °C, Bodenfeuchte entspricht dem Masseverlust der Bodenprobe durch die Trocknung, bezogen auf die Masse der trockenen Probe (Masse-%) oder auf das Volumen der Probe (Vol.-%). Probeentnahme z. B. mit Rillenbohrer nach Gerson, Volumenbohrer nach Mäde (1952), Stechzylinder nach Nietzsch. Trocknung auch durch Abbrennen von Alkohol möglich, dadurch jedoch größere Fehler. (Kramer, Taeger 1964)	Absolutmethode, keine Eichung erforderlich, geringer technischer Aufwand, robustes Instrumentarium, zur Eichung indirekter Verfahren gut geeignet.	Großer Arbeits- und Zeitaufwand bei Probeentnahme und Wägung, kein fester Meßort, Durchlöcherung der Parzelle, Meßwert erst nach 12 Std. angebbar, ausreichende Genauigkeit durch einige Wiederholungsmessungen erreichbar.
Chemische Methoden Bestimmung der Wassermenge in der Probe mittels chemischer Reaktionen, z. B. durch Zusatz von Karbid (Heigel 1955)	Keine langwierige Trocknung im Labor erforderlich, Meßwert nach einigen Minuten angebbar, geringer Aufwand.	Probeentnahme erforderlich (s. oben), geringe Genauigkeit.
Kernresonanz-Methode Messung des Wasseranteils von Bodenproben durch elektromagnetische Resonanz der Atomkerne von Wasserstoff und Sauerstoff (Andreev 1960).	Sehr genaue Absolutmethode	Probeentnahme erforderlich, sehr hoher gerätetechnischer Aufwand.

(Es ist jeweils nur die Größe angegeben, die anstelle der Bodenfeuchte gemessen wird und aus der sich durch Eichung mit einer Absolutmethode oder durch theoretische Berechnungen der entsprechende Bodenfeuchtewert ermitteln läßt).

Indirekte Verfahren	Vorteile	Nachteile
Tensiometer-Methode Messung der Saugwirkung des Bodenwassers auf eine wassergefüllte, poröse Tonzelle, die im Boden eingegraben ist. Saugspannung wird an einem Manometer abgelesen. (RICHARDS 1954, HARTGE 1963).	Kontinuierliche Messung in situ, Messung der Saugspannung des Bodenwassers, geringer Aufwand, automatische Beregnungssteuerung möglich.	Saugkraftgefälle Tonzelle-Boden vorhanden, ausreichende Genauigkeit nur bei mittleren Bodenfeuchten, Veränderung der Porengröße der Tonzelle durch Ablagerungen, guter Kontakt Tonzelle—Boden nicht immer gewährleistet, nur in geringen Tiefen einsetzbar.
Methode der elektrischen Leitfähigkeit Bestimmung der elektrischen Leitfähigkeit in bestimmten Bodenschichten zwischen Kohleelektroden (VILKNER 1965) oder V_2A-Stahl-Elektroden (LINDNER u. KOITZSCH 1968)	Leichtes, transportables Meßgerät bei vertretbarem technischem Aufwand, kontinuierliche Messung in situ ohne Probeentnahme, sofortige Anzeige, automatische Beregnungssteuerung möglich.	Starke Abhängigkeit von der Ionenkonzentration im Boden, elektrolytische Zersetzung von Bodenbestandteilen, kleines erfaßtes Bodenvolumen, nur in geringen Tiefen einsetzbar, guter Kontakt Elektroden—Boden nicht immer gewährleistet, durch Wirkung der Störfaktoren im Boden nur beschränkte Genauigkeit.
Gipsblock-Methoden Messung der elektrischen Leitfähigkeit in Testkörpern aus Gips oder anderer Zusammensetzung, die sich im Boden im Feuchtegleichgewicht befinden (COLMAN u. HENDRIX 1949, BUDYOUCOS 1954, VETTERLEIN 1961, ANDERS 1971).	Wie bei Leitfähigkeitsmethode, jedoch weitgehend unabhängig von der Ionenkonzentration im Boden.	Laboreichung entspricht nicht der Feldeichung, bei Austrocknung Feuchtegleichgewicht nicht in allen Böden gewährleistet.
Thermische Methoden Bestimmung der Wärmeleitfähigkeit des Bodens durch Messung der Temperaturänderung bei kurzzeitiger elektrischer Aufheizung (ALBRECHT 1932, KOITZSCH 1960, LINDNER 1964)	Transportables Meßgerät bei vertretbarem technischem Aufwand.	Starker Einfluß der Bodenstruktur, erfaßte Bodenprobe klein, bei hohen Bodenfeuchten ungenau, guter Kontakt Sonde—Boden nicht immer gewährleistet, nur in geringen Tiefen einsetzbar.
DK-Meßverfahren Bestimmung der Dielektrizitätskonstante des Bodens, modifiziert durch die Leitfähigkeit mittels hochfrequentem Wechselstrom (SPRIGADE 1970).	Wie bei Leitfähigkeitsmethode, jedoch etwas komplizierteres Meßgerät erforderlich	Noch zu wenig erforscht, keine längeren praktischen Erfahrungen.
Methode der elektromagnetischen Wellen Messung der Ausbreitungsgeschwindigkeit elektromagnetischer Wellen im Boden.	Integration über ein großes Bodenvolumen möglich.	Zur Zeit noch zu ungenau, sehr hoher technischer Aufwand.
Fernerkundungs-Methoden Messung der vom Boden reflektierten Mikrowellen oder Infrarotstrahlung, meist vom Flugzeug aus (KUTILEK 1971).	Integration über die Fläche möglich, vom Flugzeug aus einsetzbar.	Nur für die obere Bodenschicht geeignet, hoher Aufwand.
Hygroskopische Methoden Bestimmung der Wasseraufnahme von hygroskopischen Testkörpern, die für eine gewisse Zeit in den Boden eingebracht werden, durch Wägung oder mittels Farbindikatoren.	Einfache Handhabung ohne zusätzliche Spezialgeräte	Geringe Genauigkeit, nur für die oberste Bodenschicht geeignet.
Fotoelektrische Methode Messung der Lichtreflexion des Bodens mit Fotozellen (feuchter Boden ist meist dunkler als trockener) KLATT (1959), RINNO u. HEISSNER (1964).	Relativ einfaches Meßgerät	Bei hellen Böden und bei höherer Bodenfeuchte sehr ungenau.

Indirekte Verfahren	Vorteile	Nachteile
Methode der Gammastrahlen-Absorption Messung der Absorption von Gammastrahlung beim Durchdringen von Bodenschichten (DANILIN 1955, EIMERN u. LAWEYNOWICZ 1968).	Geringerer technischer Aufwand als Neutronenmethode, Berechnung der Bodenfeuchte aus dem Meßwert schnell möglich, Durchstrahlung von Bodenschichten, daher keine Kontaktschwierigkeiten.	Es wird nur die Änderung der Bodenfeuchte gemessen, daher Kopplung mit Absolutmethode erforderlich, es werden 2 genau parallele Meßrohre im Boden benötigt, schwierige Eichung, Genauigkeit unbefriedigend, Sicherheitsmaßnahmen wegen radioaktiver Strahlung.
Methode der Neutronenbremsung Erfassung der Streuung und Abbremsung schneller Neutronen an den Wasserstoffatomen im Boden als Flußdichte thermischer Neutronen (BELCHER 1950, EMEL'JANOV 1962).	Messung in situ ohne Probeentnahme, Bodenfeuchtewert sofort nach Messung verfügbar, tragbares Feldgerät, gute Genauigkeit im gesamten Bodenfeuchtebereich bei kurzer Meßdauer und Integration über ein großes Bodenvolumen, große Meßtiefen möglich.	Relativ hoher technischer Aufwand, kein genau definiertes Meßvolumen, Messungen in Oberflächennähe ungenauer, Eichung schwierig, zur Zeit noch zu geringe Betriebssicherheit und zu hohe Transportempfindlichkeit, Sicherheitsmaßnahmen wegen radioaktiver Strahlung.

Abschnitten näher eingegangen wird. Die Geräte haben sich jedoch in fast zehnjährigem Einsatz im Meteorologischen Dienst bewährt. Gegenüber der früher an den Stationen angewandten gravimetrischen Methode ergaben sich durch Einführung der Neutronensonde eine Reihe wesentlicher Verbesserungen. So entfallen

— die kraft- und zeitaufwendige Probeentnahme,
— die einzelnen Arbeitsgänge bei der Wägung und Trocknung,
— die Zeitverzögerung bis zum Vorliegen der Meßwerte von mindestens 12 Stunden,
— das ständige Wechseln der Probeentnahmestelle,
— die fortlaufende Durchlöcherung der Meßfläche.

Die Neutronensonde gibt nach entsprechender Eichung die Bodenfeuchte in Vol.-% an, was für Wasserhaushalts- und Wasservorratsbetrachtungen sehr von Nutzen ist. Das von der Neutronenstrahlung erfaßte Bodenvolumen beträgt etwa das 100-fache der mit 4 Wiederholungen durchgeführten Probeentnahme für die gravimetrische Feuchtebestimmung. Um bei Feldmessungen eine vergleichbare Standardabweichung der Meßwerte zu erreichen, kann daher im Vergleich zur Probeentnahme die Zahl der Wiederholungsmessungen verringert werden. Durch die Einsparung von Arbeitszeit ist mit der Einführung der Neutronensonden im Meteorologischen Dienst der DDR ein ökonomischer Nutzen verbunden, der die hohen Gerätekosten teilweise kompensiert. Nach KÖRSCHENS u. a. (1973) sind für eine Einzelmessung mit der Neutronensonde etwa 3 Minuten, für eine gravimetrische Messung etwa 8 Minuten erforderlich.

Im Bodenfeuchtemeßnetz der DDR sind Neutronensonden der Typen VA-N-10, PR 2829.1, S-23 und S-23/1 eingesetzt (Abb. 1 bis 3). Der Karren zum Transport der relativ schweren Abschirmbehälter der Sonden VA-N-10 und PR 2829.1 wurde speziell für den

Abb. 1. Neutronen-Bodenfeuchtesonde VA-N-10 im Einsatz

Abb. 2. Neutronen-Bodenfeuchtesonde PR 2829.1 im Einsatz

Abb. 3. Neutronen-Tiefensonde S-23/1 bei der Kontrollmessung (rechts ist das Meßrohr zu sehen)

Stationseinsatz entwickelt. Der Typ PR 2829.1 stellt eine Weiterentwicklung des Typs VA-N-10 dar, die Sondengeometrie blieb erhalten. Die Neutronensonde S-23 ist eine Neuentwicklung mit geringem Durchmesser (16 mm ∅ im Vergleich zu 60 mm ∅ des älteren Typs), sie ist daher wesentlich leichter zu handhaben.

In Abb. 4 sind die Sondentypen PR 2829.1 und S-23 gegenübergestellt. Der Unterschied äußert sich insbesondere in dem inneren Aufbau. Während bei den Sonden VA-N-10 und PR 2829.1 die Meßtiefe exakt durch die Mitte der Neutronenquelle definiert ist, muß bei den Sonden S-23 und S-23/1 der Mittelpunkt des Meßvolumens experimentell bestimmt werden. Die technischen Daten der im Meteorologischen Dienst verwendeten Sonden sind in Tab. 1 zusammengestellt, so daß die wesentlichen Unterschiede erkennbar sind. Zum Vergleich sind im unteren Teil von Tab. 1 einige im sozialistischen Ausland produzierte Sonden mit ihren technischen Daten angeführt.

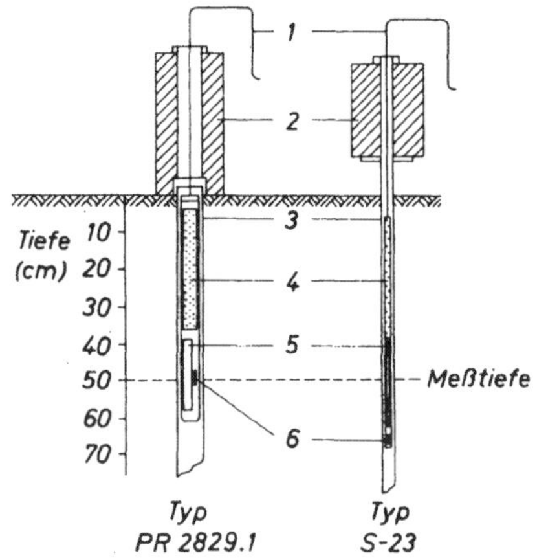

Abb. 4. Neutronensonden in schematischer Darstellung
1 — Kabel, 2 — Abschirmbehälter, 3 — Meßrohr, 4 — Elektronik, 5 — Detektor, 6 — Quelle

2. Meßprinzip und physikalische Grundlagen

2.1. Theorie der Neutronenbremsung im Boden

Die Bodenfeuchtemessung mit Neutronen beruht auf der Streuung und Bremsung schneller Neutronen an den Wasserstoffatomen (GARDNER u. KIRKHAM 1952). Emittiert eine in den Boden gebrachte radioaktive Quelle Neutronen, so stoßen diese mit den Atomen der Bremssubstanz Boden zusammen. Durch elastische Streuung verlieren die schnellen Neutronen ihre Energie, und zwar bei den Zusammenstößen mit den H-Atomen weitaus mehr als bei allen übrigen Atomen. Um ein schnelles Neutron auf thermische Energie abzubremsen, sind mit Wasserstoff 19, mit Sauerstoff dagegen 150 und mit Silizium 268 Zusammenstöße erforderlich (EMEL'JANOV 1962). Die Abbremsung zu thermischen Neutronen ist bei dem Energieniveau beendet, das die Atome des Bodens entsprechend ihrer augenblicklichen Temperatur haben (z. B. 0,025 eV bei 20 °C). Die thermischen Neutronen verhalten sich dann im Boden wie ein verdünntes Gas und diffundieren mit Brownscher Molekularbewegung.

Das Ergebnis der Abbremsung kann mit einem Detektor für thermische Neutronen (z. B. einem BF_3-Zählrohr) als Flußdichte thermischer Neutronen nachgewiesen werden. Dabei muß sich das Zählrohr in unmittelbarer Nähe der Quelle befinden. Die raschere Abbremsung bei hohem H-Gehalt bewirkt in der Nähe der Quelle eine hohe Flußdichte der thermischen Neutronen. Bei geringerem H-Gehalt

Tabelle 1

Technische Daten der verwendeten Bodenfeuchte- und Bodendichte — Tiefensonden

— Meteorologischer Dienst der DDR —

Sondentyp	VA-N-10	PR 2829.1	S-23	S-23/1	S-24
Hersteller	VEB Meßelektronik Dresden		Bauakademie der DDR, Inst. f. Industriebau Dresden		
Neutronenquelle bzw. Gammaquelle	200 mCi Pu-Be = $2 \cdot 10^5$ n/s		80 mCi Am-Be = $2 \cdot 10^5$ n/s		20 mCi ^{137}Cs
Detektor	BF_3, NTI-21	BF_3, NWI-21	BF_3, NUM B 20 C	He_3, NEM 1012	CTC-5
Geometrie Quelle — Detektor	zentral, 30 mm Abstand		axial, 160 mm Abstand		axial
Abmessungen der Sonde	Ø 60 mm × 530 mm	Ø 60 mm × 653 mm	Ø 16 mm × 625 mm		Ø 16 mm × 625 mm
Masse der Sonde	3,5 kg	4,0 kg	1,5 kg	1,5 kg	1,0 kg
Masse des Abschirmbehälters	15 kg	15 kg	10 kg	10 kg	19 kg
verwendetes Meßrohr	PVC Ø 75 mm × 3,6 mm		Stahl Ø 28 mm × 5 mm		
Impulszähler, Typ	VA-D-30 + VA-G-60	VA-G-60.1	VA-G-60.1 VA-M-141.2	DZ/B-2 20 026	Zähler von S-23 u. S-23/1
Meßempfindlichkeit (min^{-1}/Vol.-%)	ca. 200	ca. 400	ca. 140	ca. 1000	—
Sondeneffektivität (min^{-1}) bei 10^4 n/s, 20 Vol.-%	ca. 190	ca. 440	ca. 280	ca. 1500	—
Relative Empfindlichkeit $\frac{dI}{dW} \Big/ \frac{I}{W}$	ca. 1,0	ca. 1,0	ca. 0,5	ca. 0,7	ca. 1,5
Impulsrate im Kontrollbehälter (min^{-1})	ca. 25000	ca. 40000	ca. 10000	ca. 64000	ca. 3000
Impulsrate im Boden bei W = 0 Vol.-% (min^{-1})	ca. 1800	ca. 28000	ca. 900	ca. 10000	—

— Sozialistisches Ausland (Auswahl) —

Sondentyp	VPGR-1	PPGR-1	NVP-3
Hersteller-Land	UdSSR	UdSSR	VR Bulgarien
Neutronen- bzw. Gammaquelle	50 mCi Pu-Bs = 5×10^4 n/s	^{137}Cs	50 mCi Pu-Bs = 5×10^4 n/s
Detektor	Helium-Zählrohr	Fotovervielfacher	SNM-16 (Helium-Zählr.)
Geometrie Quelle — Detektor	zentral	axial	axial
Abmessungen der Sonde	Ø 36 mm × 220 mm	Ø 36 mm × 220 mm	Ø 24 mm
Masse Sonde + Abschirmbehälter	9 kg	11 kg	8 kg
Meßrohr	Aluminium	Aluminium	Plastmaterial
Impulszähler, Typ	SIP-1M (220 V und Akku-Betrieb, Zeitvorwahl 1—300 s, max. 105 s^{-1})		im Abschirmbehälter eingebaut
Meßtiefen als Oberflächensonde	0—0,3 m	0—0,3 m	—
als Tiefensonde	0,3—30 m	0,3—30 m	max. 2 m
Meßempfindlichkeit als Oberflächensonde	ca. 250 min^{-1}/Vol.-%	ca. 22100 $min^{-1}/g \cdot cm^{-3}$	
als Tiefensonde	ca. 900 min^{-1}/Vol.-%	ca. 35000 $min^{-1}/g \cdot cm^{-3}$	nicht angegeben
Sondeneffektivität			
(bei 10^4 n/s, 20 Vol.-% Oberflächensonde	1900 min^{-1}	—	
als Tiefensonde	5500 min^{-1}	—	nicht angegeben
Relative Empfindlichkeit	ca. 0,8	ca. 2,5	nicht angegeben

dringen die Neutronen dagegen weiter im Boden vor, was einen geringeren Fluß thermischer Neutronen in der Nähe der Quelle zur Folge hat.

Der Wasserstoff des Bodens ist vor allem im Wasser enthalten. Da jedoch nicht der gesamte Wassergehalt des Bodens zur Bodenfeuchte zählt (s. Definitionen in Abschn. 1.2), andererseits auch die übrigen Bodenbestandteile die Neutronenbremsung in geringem Maße beeinflussen, kann der natürlich gelagerte Boden als eine Mischung von *Bodenfeuchte* und *Bremsuntergrund für Neutronen* betrachtet werden. Im Bremsuntergrund sind dann alle nicht zur Bodenfeuchte gehörenden Wassermengen enthalten sowie auch die organischen und mineralischen Bestandteile des trockenen Bodens, soweit sie auf die schnellen oder thermischen Neutronen einen Einfluß haben.

Die Neutronenmethode läßt sich nur dann zu Bodenfeuchtemessungen anwenden, wenn die zeitliche Änderung des Bremsuntergrundes gegenüber der Bodenfeuchteänderung vernachlässigbar klein ist.

Die im wesentlichen aus einer Kombination von

Neutronenquelle und Zählrohr bestehende Neutronen-Bodenfeuchtesonde gibt als Meßwerte Impulse ab, die mit einem Zähler als Impulsraten (Impulse pro Zeiteinheit, z. B. $\min^{-1}$) erfaßt werden. Über den Zusammenhang zwischen Impulsrate und Bodenfeuchte liegen von SCHURICHT (1964) und von ØLGAARD (1965) theoretische Untersuchungen vor. Während SCHURICHT von der FERMI-ALTER-Theorie und der elementaren Diffusionstheorie ausgeht, konnte ØLGAARD zeigen, daß die Drei-Gruppen-Diffusionstheorie (2 Gruppen für schnelle Neutronen unterschiedlicher mittlerer Energie, eine Gruppe für die langsamen Neutronen) die wirklichen Verhältnisse besser wiedergibt. ØLGAARD nahm zur Berechnung der Eichkurven eine Sondengeometrie an, bei der das Zählrohr eine Linie von 35 cm Länge darstellt, in dessen Mitte sich eine punktförmige Radium-Beryllium-Neutronenquelle befindet. Das entspricht näherungsweise der Neutronensonde P-19 der Firma NUCLEAR-CHICAGO, mit der die theoretisch abgeleiteten Eichbeziehungen überprüft wurden.

Die Verteilungsfunktion $\varphi_{\text{th}}(r)$ der thermischen Neutronen um eine im Boden befindliche Quelle schneller Neutronen ist dann bei $r = 0$:

$$\varphi_{\text{th}}(0) = \frac{q_0}{4\pi D} \frac{L}{L_1^2 - L_2^2} \left[\frac{L_1}{L_1 + L} - \frac{L_2}{L_2 + L} \right], \quad (1\,a)$$

bei r größer 0:

$$\varphi_{\text{th}}(r) = \frac{q_0}{4\pi D r} \frac{L^2}{L_1^2 - L_2^2} \left[\frac{L_1^2}{L_1^2 - L^2} (e^{-r/L_1} - e^{-r/L}) - \frac{L_2^2}{L_2^2 - L^2} (e^{-r/L_2} - e^{-r/L}) \right]. \quad (1\,b)$$

In der Gleichung bedeuten r den Abstand von der Quelle, q_0 die Quellenstärke, D den Diffusionskoeffizienten, L die Bremslänge und L_1 bzw. L_2 die Bremslängen der zwei Gruppen der schnellen Neutronen (L_1 entspricht der Gruppe mit der höchsten Energie).

Bei Kenntnis der Zusammensetzung und der Trokkenrohdichte des Bodens sowie der Bodenfeuchte lassen sich die kernphysikalischen Größen D, L, L_1 und L_2 bestimmen. ØLGAARD berechnete für fünf Böden D und L aus den Anteilen aller 20 in ihnen vorkommenden Elementen. In die Abschätzung von L_1 und L_2 gingen dagegen nur die Elemente H, O, Al, Si und Fe ein, die im allgemeinen mehr als 90% der Bodensubstanz bilden. Obwohl bei ØLGAARD die Wirkung des Bodens auf die Neutronenbremsung nicht ausdrücklich unter dem Begriff „Bremsuntergrund" zusammengefaßt wird, ist in allen Gleichungen zwischen der Bodenfeuchte und der Gesamtheit der anderen Bodenbestandteile unterschieden. Als Beispiel hierfür sei die Beziehung zur Berechnung des makroskopischen Wirkungsquerschnitts angeführt:

$$\Sigma_a^{2200} = n_{H_2O} \sigma_{a,H_2O}^{2200} + \sum_{x=1}^{20} n_x \sigma_{a,x}^{2200}. \quad (2)$$

Dabei sind Σ_a^{2200} der makroskopische Wirkungsquerschnitt für Neutronen einer Geschwindigkeit von 2200 m s^{-1}, n_{H_2O} bzw. n_x die Zahl der Wassermoleküle bzw. der Atome des x-ten Elements in einem cm^3 und σ_a^{2200} die entsprechenden mikroskopischen Wirkungsquerschnitte. Bei ØLGAARD sind die kernphysikalischen Daten der einzelnen Elemente angegeben, so daß $\varphi_{\text{th}}(r)$ berechnet werden könnte.

Die Impulsrate als Funktion der Bodenfeuchte ergibt sich dann zu

$$IR\,(F) = \bar{\varphi}_D V_{\text{eff}} \Sigma_{a,B-10} \cdot C \cdot 60\,(\min^{-1}) \quad (3)$$

mit

$$\bar{\varphi}_D = \frac{1}{a} \int_0^a \varphi_{\text{th}}(r)\,dr, \quad (3\,a)$$

wobei a die halbe effektive Zählrohrlänge, V_{eff} das effektive Zährohrvolumen und $\Sigma_{a,B-10}$ den Absorptions-Wirkungsquerschnitt des Bor-10-Isotops im Füllgas des Zährrohres darstellen und C ein Korrekturfaktor ist, der die Sondengeometrie berücksichtigt. C wird experimentell als Verhältnis der gemessenen und errechneten Impulsraten in Wasser ermittelt.

Bei der Überprüfung der theoretischen Beziehungen zwischen IR und F für die fünf Böden durch Kalibrierungen in einem großen Behälter fand ØLGAARD eine sehr gute Übereinstimmung, wenn man alle Bodenfeuchtewerte auf die bei den theoretischen Berechnungen angesetzten Trockenrohdichten umrechnet. Abb. 5 zeigt für einen der Böden die berechnete Beziehung zwischen Impulsrate und Boden-

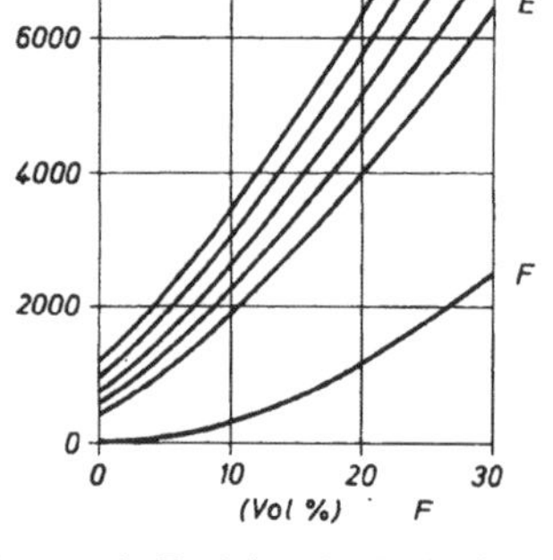

Abb. 5. Impulsraten als Funktion der Bodenfeuchte für Blausteggard-Boden mit der Trockenrohdichte als Scharparameter (n. ØLGAARD, s. Text) A = 1,8 g cm^{-3}...E = 1,0 g cm^{-3} Trockenrohdichte, F würde für den Fall „ohne Boden" (0,0 g cm^{-3}) gelten

feuchte, wobei die Trockenrohdichte als Scharparameter auftritt. Bei Kurve *A* liegt eine Trockenrohdichte von 1,8 g cm^{-3} und bei Kurve *E* von 1,0 g cm^{-3} vor, die einzelnen Kurven unterscheiden sich um 0,2 g cm^{-3}. Die Kurve *F* würde sich dagegen bei einer Trockenrohdichte von 0 g cm^{-3} einstellen.

Nach dem von ØLGAARD angegebenen Verfahren ist es prinzipiell möglich, für jeden Boden den Zusammenhang zwischen Impulsrate und Bodenfeuchte bei Verwendung einer Neutronensonde mit seitlich neben dem Zählrohr angeordneter Quelle zu berechnen, ohne daß Kalibrierungen durchgeführt werden müßten. Erforderlich wären neben Angaben der Energieverteilung der Neutronen und der physikalischen Daten des Zählrohres allerdings genaue quantitative Analysen der chemischen Zusammensetzung des Bodens.

Auch NAGY u. VERTES (1968) wenden die in der Reaktorphysik gebräuchliche Drei-Gruppen-Theorie an, um die allgemeine Beziehung zwischen der Bodenfeuchte, der Trockenrohdichte und der Impulsrate einer Neutronensonde in Abhängigkeit von der Sondengeometrie theoretisch abzuleiten. Danach gilt für Sonden mit einem geringen Abstand zwischen Neutronenquelle und Zählrohr in guter Näherung:

$$\mathrm{d}F = \left(\frac{\partial F}{\partial IR}\right)_{\varrho} \mathrm{d}IR + \left(\frac{\partial F}{\partial \varrho}\right)_{IR} \mathrm{d}\varrho \qquad (4)$$

mit

$$\left(\frac{\partial F}{\partial IR}\right)_{\varrho} = b' = \text{konstant} > 0, \qquad (4a)$$

$$\left(\frac{\partial F}{\partial \varrho}\right)_{IR} = c' = \text{konstant} < 0. \qquad (4b)$$

Die Beziehung (4a) gibt an, daß für eine bestimmte Trockenrohdichte ϱ die Zunahme der Impulsrate eine entsprechende lineare Zunahme der Bodenfeuchte anzeigt. Aus der Beziehung (4b) folgt dagegen, daß bei konstanter *IR*, also bei der jeweils gemessenen Impulsrate, die Kalibrierbeziehung zusätzlich von einem Faktor c' abhängt. Dieser ist negativ, d. h. eine Impulsrate entspricht bei Zunahme von ϱ einer geringeren Bodenfeuchte, wie es auch aus Abb. 5 zu erkennen ist. Die Gl. (4) stellt ein totales Differential dar und läßt sich integrieren zu

$$F = a' + b'IR + c'\varrho\,. \qquad (5)$$

Die Integrationsvoraussetzung Gl. (4a und 4b) gilt jedoch nur, wenn der Abstand *d* zwischen der Quelle und dem Zählrohr klein ist. Dagegen wird bei $d > 60$ mm b' mit wachsendem *F* größer. Eine in diesem Sinne gekrümmte Kalibrierkurve erhielten z. B. BAVEL u. a. (1956) für eine Sonde, bei der sich die Neutronenquelle unterhalb des Zählrohres befand. Der Faktor c' wird dann mit wachsendem *d* langsam zu Null, um bei $d = 165$ mm und $F = 20$ Vol.-% positive Werte anzunehmen. Aus diesem Verhalten erklären sich wahrscheinlich die unterschiedlichen Ergebnisse zum Einfluß der Trockenrohdichte auf die Beziehung zwischen Impulsrate und Bodenfeuchte bei den verschiedenen Autoren, auf die später noch eingegangen wird.

2.2. Kalibrierbeziehung für die Neutronensonden mit seitlicher (zentraler) Quellenanordnung

Die in der DDR eingesetzten Neutronensonden der Typen VA-N-10 und PR 2829.1 unterscheiden sich wenig von der Sonde P-19, für die die von ØLGAARD abgeleiteten theoretischen Beziehungen gelten. Statt Radium-Beryllium wird als Neutronenquelle Plutonium-Beryllium verwendet. Das Zählrohr hat eine Länge von 17 cm gegenüber 35 cm bei der Sonde P-19. Auch für die Anwendung der Gl. (4) sind die Bedingungen erfüllt. Bei den verwendeten Sonden beträgt der Abstand der Mittelachsen von Neutronenquelle und Zählrohr nur 30 mm. Es kann daher angenommen werden, daß auch die Ergebnisse der theoretischen Ableitungen für die im Bodenfeuchte-Meßnetz eingesetzten Sonden gelten.

Während die Anwendung des Verfahrens nach ØLGAARD chemische Analysen für die einzelnen Bodenschichten an allen Einsatzorten der Sonden erforderlich machen würden, lassen sich die Kalibrierbeziehungen nach dem Ansatz von NAGY u. VERTES auf statistischem Wege gewinnen. Die Gl. (5) stellt die Gleichung für eine multiple lineare Regression dar, mit der aus einer genügend großen Anzahl zusammengehörender Wertetripel von *F*, *IR* und ϱ die Konstanten a', b' und c' errechnet werden können.

Zur Kalibrierung der im Bodenfeuchte-Meßnetz eingesetzten Neutronensonden wurde das statistische Verfahren gewählt, weil es sich mit einfacheren Mitteln realisieren läßt. Eine Veränderung erfuhr die Gl. (5) durch die Verwendung der relativen Impulsrate *Q*, d. h. der auf einen Standardwert bezogenen Impulsrate (BAVEL u. a. 1961), wodurch eine Reihe von inneren Meßfehlern der Geräte auf einfache Weise ausgeschaltet werden können. Die Ermittlung dieser Standard-Impulsraten *K* ist bei den verwendeten Meßeinrichtungen durch Kontrollmessungen im Abschirmbehälter (s. Abb. 4) möglich, dessen Material eine stets konstante Neutronenbremsung gewährleistet. Die relative Impulsrate *Q* wird in Prozent der Standard-Impulsrate *K* angegeben, so daß sich als Kalibrierbeziehung ergibt:

$$F = a + bQ + c\varrho\,. \qquad (6)$$

Nach UNGER (1965) ist die Ermittlung der Konstanten der Gl. (6) nur durch Laborkalibrierungen ausreichend genau möglich. Dabei werden die Größen *F*,

Q und ϱ in einem großen, mit dem Boden der Meßstelle gefüllten Behälter bestimmt, wobei mindestens 30 Füllungen mit unterschiedlichen Feuchten und Trockenrohdichten erforderlich sind. Der Behälter muß einen Durchmesser von mindestens 80 cm haben, damit er größer als die maximale Reichweite der Neutronen ist.

Der Arbeitsaufwand für die Laborkalibrierung ist sehr groß und beträgt nach eigenen Erfahrungen bei 2 Arbeitskräften etwa 3 Wochen für einen Boden. Damit wäre nur für eine Sonde und eine Bodenschicht eines Standortes die Kalibrierung vorgenommen, das Bodenprofil bis in 2 m Tiefe besteht aber meist aus mehreren deutlich abgesetzten Schichten. Ein Austausch der Sonden bei Defekten wäre bei diesem Verfahren nicht möglich. Die Laborkalibrierung hat noch den Nachteil, daß in einem Behälter nie genau die gleichen Bedingungen (Struktur, Zusammensetzung, Dichte usw. des Bodens) wie unter Feldbedingungen hergestellt werden können (BELL u. MCCULLOCH 1969).

Regressionsrechnungen nach Gl. (6) ergaben in Übereinstimmung mit der Theorie negative Werte der Konstante c, wobei mit zunehmendem Glühverlust des Bodens (als Maß für den Humusgehalt) die Zahlenwerte von c ansteigen (Tabelle 2, WENDLING 1967). Danach kann c als die den Bodeneinfluß bestimmende Konstante angesehen werden (s. S. 19).

UNGER (1963, 1965) betont mehrfach die Notwendigkeit der Berücksichtigung der Dichtekorrektur $c\varrho$, was letztlich zur Konstruktion der Neutronensonde VA-N-10 als kombinierter Feuchte-Dichte-Meßsonde geführt hat. Aus der von UNGER (1965) mitgeteilten Kalibrierbeziehung für einen Boden ergibt sich für diese Größe $c = -8$ Vol.-%/g cm^{-3}. Nach den von ØLGAARD (1965) berechneten Kalibrierkurven ist $c = -11 \pm 2$ Vol.-%/g cm^{-3}. Wegen des Abstandes zwischen Zählrohr und Neutronenquelle müssen nach NAGY und VERTES (1968) die wirklichen c-Werte ihrem absoluten Betrage nach kleiner sein als die theoretisch berechneten, was in Abschnitt 3.2 bestätigt werden kann. Auch HANUS u. a. (1972) und BOHNE (1975) können einen signifikant von Null verschiedenen Wert für c aus Kalibrierungen in unterschiedlichen Böden nachweisen, wobei letzterer insbesondere auf die Abhängigkeit dieses Faktors vom Tongehalt eingeht.

Verschiedene Autoren kommen dagegen zu dem Ergebnis, daß die Dichtekorrektur $c\varrho$ keine Bedeutung hat, so daß bei der Kalibrierung nur der Zusammenhang zwischen F und IR (bzw. Q) zu ermitteln ist. Nach EMEL'JANOV (1962) kann man sich bei der praktisch benötigten Genauigkeit in den meisten Fällen auf eine einheitliche Kalibrierung für alle Bodentypen beschränken. Es ergibt sich dann ein Fehler von maximal 2 Vol.-%. CZERATZKI (1968) schlägt dagegen vor, für Gruppen von Böden einheitliche Kalibrierkurven zu verwenden. Auch VETTERLEIN (1968) erzielte sehr ähnliche Umrechnungsbeziehungen für verschiedene Böden und führt das auf die sich mit steigendem Humusgehalt verringernde Trockenrohdichte zurück.

In einem Bodenfeuchtemeßnetz für die Zwecke der agrarmeteorologischen Beratung der landwirtschaftlichen Betriebe müssen möglichst alle typischen Bodenformen der DDR erfaßt werden. Das erfordert eine exakte Berücksichtigung des Bodeneinflusses in der Kalibrierbeziehung. Setzt man wegen $c < 0$ $f_0 = -c$, so erhält man

$$F' = a + bQ \quad (7)$$

mit

$$F' = F + f_0\varrho = F + F_0\,. \quad (8)$$

Dabei ist F' der totale Wassergehalt (HALEVY 1968), d. h. die um den Bremsuntergrund des Bodens (ausgedrückt als Wasseräquivalent F_0 in Vol.-% bzw. f_0 in M.-%) erhöhte Bodenfeuchte. Die Gl. (7) gibt den vom Bodeneinfluß unabhängigen, nur gerätebedingten Zusammenhang zwischen totalem Wassergehalt und Impulsrate an. Die Größe f_0 ist eine zusätzlich auf experimentellem Wege zu bestimmende Bodenkonstante, sie ist nicht von der speziellen Kalibrierkurve der einzelnen, an der Station gerade eingesetzten Neutronensonde abhängig.

Mit den Gln. (7) und (8) verfügt man über eine normierte Kalibrierbeziehung, die für den Betrieb eines Netzes mit einem zentralen Service große Vorteile bringt.

3. Anwendung der normierten Kalibrierbeziehung

3.1. Feldkalibrierung der Neutronensonde

Die Kalibrierung der Neutronensonde stellt den Prozeß der Ermittlung der Beziehung zwischen Bodenfeuchte und Impulsrate des Meßgerätes bei konstanten technischen Parametern und definierter Meßgeometrie dar, wobei eine bekannte oder zumindestens eine konstante Zusammensetzung des trockenen Bodens zu fordern ist. Zur Kalibrierung werden neben dem schon erwähnten theoretischen Verfahren nach ØLGAARD (1965) und dem Laborverfahren (GARDNER u. KIRKHAM 1952) auch das Verfahren der Feldkalibrierung (COHEN 1964) empfohlen. Dabei dienen die beim Einbohren der Meßrohre anfallenden Bodenproben zur gravimetrischen Bestimmung von Bodenfeuchte und Trockenrohdichte. Unmittelbar nach dem Einbohren eines Rohres erfolgt eine Messung mit der Neutronensonde, so daß die gravimetrisch ermittelten Werte den Impulsraten zugeordnet werden können. Feldkalibrierungen sind auch unabhängig von dem Einbohren der Meßrohre möglich, wenn die Entnahme von Volumenproben aus dem Boden in der Nähe der Meßrohre gleichzeitig mit Sondenmessungen erfolgt.

Das Verfahren der Feldkalibrierung hat neben dem Vorteil der Anwendung im natürlich gelagerten Boden auch einige Nachteile:

- Die Kalibrierung ist im Gegensatz zur Labormethode in einem inhomogenen Medium mit starken örtlichen Schwankungen der Bodenfeuchte durchzuführen. Dadurch entspricht die in einer Tiefe durch Probenentnahme bestimmte Feuchte nicht dem im Meßvolumen der Sonde vorliegenden Wert, was zu einer stärkeren Streuung der Werte um die Kalibrierkurve führt.
- In den einzelnen Schichten des Bodenprofils sind die Werte des Bremsuntergrundes und der Trokkenrohdichte unterschiedlich.
- Mit der Probenentnahme zu einem Termin wird meist nur ein kleiner Teil des jährlichen Schwankungsbereiches der Bodenfeuchte erfaßt, so daß eine exakte Festlegung der Kalibrierkurve meist nicht möglich ist.

Aus diesen Gründen sind bei der Feldkalibrierung nach der von COHEN (1964) angegebenen Methode keine befriedigenden Ergebnisse zu erwarten (UNGER 1965). Die Normierung der Kalibrierbeziehung ermöglicht jedoch bei einem Netz von Meßpunkten eine wesentliche Verbesserung des herkömmlichen Verfahrens der Feldkalibrierung. Mit Gl. (7) kann für alle Stationen der Zusammenhang zwischen dem totalen Wassergehalt F' und der Impulsrate ermittelt werden, wobei der unterschiedliche Bremsuntergrund eines jeden Standortes in der Größe F' zu berücksichtigen ist. Da die Konstanten a und b in guter Näherung als nur gerätebedingt betrachtet werden können, lassen sich die Kalibrierungen aller Standorte zu einem einheitlichen Kollektiv zusammenfassen. Man erhält so eine große Zahl von Werten, die den gesamten vorkommenden Bodenfeuchtebereich überdecken. Die durch die Inhomogenität des Bodens und andere Faktoren bedingten Fehler gleichen sich weitgehend aus.

Die Anwendung der normierten Kalibrierbeziehung erfordert als Arbeitsschritte:

- Bestimmung der Bodenfeuchte und der Trockenrohdichte aus den beim Einbohren der Meßrohre anfallenden Bodenproben,
- Messungen mit der Neutronensonde unmittelbar nach dem Einbau der Rohre in 10 cm-Tiefenstufen, wobei an allen Stationen dieselbe Sonde verwendet werden muß,
- Bestimmung des Bremsuntergrundes einheitlicher Bodenschichten (s. Abschnitt 3.2),
- Berechnung der totalen Wassergehalte $F' = F + F_0$,
- Berechnung der Kalibrierkurve nach Gl. (7) (s. Abschnitt 3.3),
- Übertragung der Kalibrierbeziehung auf die Standard-Bremssubstanz (Paraffin-Kalibrierbehälter s. Abschn. 3.4).

Die Normierung der aus der Theorie abgeleiteten Kalibrierbeziehung und ihre Anwendung bei Feldkalibrierungen in Verbindung mit der direkten Messung des Bremsuntergrundes und der Nachprüfung der Kalibriergleichungen in einer Standard-Bremssubstanz macht den Einsatz von Neutronensonden in einem Meßnetz erst mit vertretbarem Aufwand möglich. Insbesondere lassen sich bei Defekten die Sonden im Stationsnetz beliebig austauschen. Dabei ändern sich die für die Stationen einmal festgelegten standortspezifischen Korrekturen $F_0 = f_0 \cdot \varrho$ nicht.

3.2. Bestimmung des Bremsuntergrundes des Bodens für Neutronen

Liegen die Ergebnisse der Feldkalibrierung (F, ϱ und Q für jede Meßtiefe) vor, so ist zur Anwendung von Gl. (7) zunächst die Bestimmung des Bremsuntergrundes der Bodenschichten für die Neutronenstrahlung der Pu-Be-Quelle erforderlich. Hierzu wurde ein von UNGER (1965) vorgeschlagenes Verfahren weiterentwickelt. Der zur Bestimmung des Bremsuntergrundes konstruierte Behälter (Abb. 6a und b) besteht aus einem starkwandigen Eisenrohr (zur Reflexion der Neutronen und damit zur Erhöhung der Impulsraten), in dem sich ein Behälter zur Aufnahme des Bodens befindet. Der zu untersuchende Boden umgibt das Führungsrohr für die Sonde mantelförmig in einer Dicke von 4 cm, wobei zur Füllung gerade die beim Einbohren von drei Meßrohren am Standort anfallende Bodenmenge ausreicht.

Im Gegensatz zu dem Vorschlag von UNGER (1965) wird dieser Behälter nicht zur Aufnahme der vollständigen Kalibrierbeziehung nach Gl. (6), sondern nur zur Bestimmung des Bremsuntergrundes in Verbindung mit der Feldkalibrierung verwendet, wodurch sich die Genauigkeit dieses Verfahrens wesentlich verbessern läßt.

Wie beim Laborkalibrierverfahren üblich werden auch in dem entwickelten kleinen Behälter eine größere Zahl von Wiederholungsmessungen durchgeführt, die Wertetripel von F, ϱ und Q' liefern. Die relativen Impulsraten Q' in dem kleinen Behälter sind trotz der Neutronenreflexion an dem starkwandigen Eisenrohr wegen der geringen Bodenmenge wesentlich kleiner als unter sonst gleichen Bedingungen im natürlichen Boden. Der unterschiedliche Bremsuntergrund der Böden für Neutronen wird dabei durch unterschiedliche Q'-Werte bei gleichen Werten von F und ϱ angezeigt.

Abb. 6. Behälter zur Bestimmung des Bremsuntergrundes des Bodens für Neutronen
a — in Meßstellung, *b* — Bodenbehälter herausgenommen

Da keine Substanz zur Verfügung stand, die in trockenem Zustand keinerlei Einfluß auf die Neutronen ausübt, wurde die Bestimmung des Bremsuntergrundes relativ zu Hohenbockaer Quarzsand vorgenommen. Für diese aus reinem SiO_2 bestehende Substanz muß wegen des Fehlens von Wasserstoffmolekülen und der sehr geringen Neutronenbremsung an Silizium- und Sauerstoffatomen (s. Abschn. 2.1) ein Bremsuntergrund nahe Null angenommen werden, so daß sich in Gl. (8) zunächst $F = F'$ setzen läßt. Für den Behälter zur Bestimmung des Bremsuntergrundes ergibt sich dann die in Abb. 7 dargestellte Beziehung zwischen F und Q', die sich nach einer logarithmischen Koordinatentransformation unter Berücksichtigung der Neutronenbremsung durch den Behälter selbst ($Q_0' = 0{,}76$) mit der Gleichung

$$F' = \alpha(Q' - Q_0)^\beta \qquad (9)$$

annähern läßt. Die Konstanten der Gleichung sind durch die Geometrieverhältnisse und die Neutronenbremsung im Behälter bedingt. Für den entwickelten Behälter (Abb. 6) sind als Konstanten

$$\alpha = 17{,}6 \quad \text{und} \quad \beta = 0{,}435$$

ermittelt worden. Eine ähnlich gekrümmte Kurve wie in Abb. 7 erhält man auch bei der Laborkalibrierung mit sehr kleinem F, wenn die Reichweite der Neutronen größer wird als der Radius des Behälters.

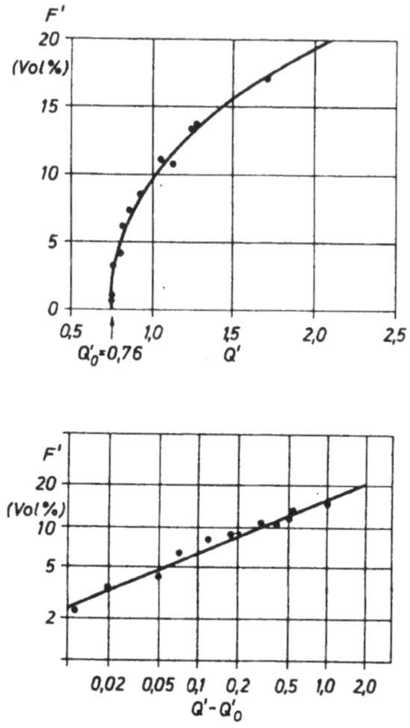

Abb. 7. Messungen im Behälter zur Bestimmung des Bremsuntergrundes mit Hohenbockaer Quarzsand
a — Beziehung zwischen F' und Q', *b* — dgl. nach logarithmischer Koordinatentransformation

Bringt man den Boden eines natürlichen Standortes in den Behälter, so entsprechen den gemessenen Impulsraten Q' die um den Bremsuntergrund vergrößerten Bodenfeuchten, d. h. die totalen Wassergehalte $F' = F + F_0$. Nach dem Einsetzen der Konstanten ergibt sich aus Gl. (8) und (9)

$$f_{0\,\mathrm{rel.}} = \frac{17{,}6\,(Q' - 0{,}76)^{0{,}435} - F}{\varrho} \qquad (10)$$

Der so bestimmte Bremsuntergrund gilt relativ zu Hohenbockaer Quarzsand. Da bei dieser Substanz ebenfalls mit einer geringen Neutronenbremsung gerechnet werden muß, ist $f_{0\,\mathrm{rel.}}$ etwas zu klein. Extrapoliert man die in Tab. 2 mitgeteilten Werte zum Nullpunkt, so hätte ein natürlicher Boden ohne Glühverlust den Bremsuntergrund $f_0 = 1{,}5$ M.-% Wasseräquivalent. Bei Hohenbockaer Quarzsand ist f_0 sicher noch kleiner. Eine von VETTERLEIN[1] mitgeteilte Laborkalibrierung mit diesem Quarzsand ergab

[1] Persönliche Mitteilung von Kalibrierungen.

Tabelle 2
Einfluß des Glühverlustes des Bodens als Maß für den Humusgehalt auf die Bodenkonstante c der Kalibrierbeziehung der Neutronensonde (nach WENDLING 1967)

Glühverlust (M.-% Humus)	Bodenkonstante c (Vol.-%/g cm^{-3})
5	−4
10	−6
20	−10
50	−21

$f_0 = 0,6$ M.-% Wasseräquivalent, so daß angesetzt werden kann

$$f_0 = 0,6 + \frac{17,6\,(Q' - 0,76)^{0,435} - F}{\varrho}. \quad (11)$$

Die Bestimmung von f_0 erfolgte für jeden Boden mit 20 bis 30 Wiederholungen bei unterschiedlichen Werten von F und ϱ. Der Theorie von ØLGAARD entsprechend vergrößert sich f_0 mit F etwas. Da bei dem hier verwendeten statistischen Ansatz der Kalibrierbeziehung nach NAGY u. VERTES f_0 für jeden Boden konstant sein muß, wurde über alle Wiederholungsmessungen gemittelt. Tab. 3 enthält die so gewonnenen f_0-Werte für einige Standorte. Als Maß für ihre Genauigkeit sind die statistischen Fehler der Mittelwerte $s_{\bar{f}}$ mit angegeben.

Tabelle 3
Bremsuntergrund des Bodens für Neutronen an verschiedenen Stationen

Station	Tiefe (cm)	Boden	f_0 (M.-%)	$s_{\bar{f}}$ (M.-%)
Stichelsdorf	0... 40	Löß (humos)	3,6	0,2
(bei Halle)	40... 70	Löß	3,5	0,2
	70...180	Sand	1,6	0,3
Görlitz	0... 90	Lehm	3,5	0,2
	90...170	Lehm, Kies	2,9	0,2
Torgau	0... 30	sand. Lehm	4,6	0,2
	30... 90	Lehm	4,2	0,3
	90...180	Sand mit Lehmschichten	3,5	0,2
Schwerin	0... 40	Lehm (humos)	2,6	0,2
	40...180	Lehm	2,6	0,1
Grünow	0... 40	lehm. Sand	2,8	0,1
	40... 80	sand. Lehm	3,2	0,1
	80...200	Lehm	2,6	0,1
Lauchstädt	0... 30	Löß (humos)	3,7	0,2
	30...180	Löß	2,3	0,3
Gera	0... 70	sand Lehm	2,8	0,2
	70...180	Lehm, Ton	3,7	0,2
Pillnitz		Mischboden für Gefäßversuche	3,1	0,2
Halle	0...150	sand. Lehm	2,8	0,1
(Lysimeteranl.)	0...150	Sand	1,0	0,1

Der Bremsuntergrund liegt an den in Tab. 3 aufgeführten Stationen zwischen 1,0 und 4,6 M.-% Wasseräquivalent. Im Oberboden sind wegen des höheren Humusgehaltes meist die höchsten Werte anzutreffen. Einen hohen Bremsuntergrund haben auch Tonschichten wegen der Einlagerung von Kristallwasser in den Tonmineralien (s. bei Station Gera). Die Fehler der Mittelwerte betragen 0,1 ... 0,3 M.-%, das sind durchschnittlich 10% der Werte von f_0. Bei den festgestellten Unterschieden zwischen den Böden dürfte damit der Bremsuntergrund mit ausreichender Genauigkeit angegeben sein.

Nach BESKIN u. a. (1969) können bestimmte, nur in geringen Konzentrationen im Boden vorhandene Elemente (z. B. Chlor) einen großen Einfluß auf die Bremsung oder die Absorption der Neutronen haben. Diese einzelnen Komponenten werden bei dem entwickelten Verfahren summarisch als Bremsuntergrund erfaßt. Eine Aufspaltung in einzelne Elemente bzw. die Klärung ursächlicher Zusammenhänge der Beeinflussung der Neutronen durch einzelne Bodenbestandteile war bei der Kalibrierung für das Bodenfeuchtemeßnetz des MD nicht erforderlich. Es ist jedoch zu beachten, daß in dem als Bremsuntergrund ermittelten Kennwert des Bodens auch Prozesse der Absorption langsamer Neutronen eine Rolle spielen können. So ist z. B. an der Station Grünow in der Oberschicht mit hohem Humusgehalt der Bremsuntergrund kleiner als in der darunterliegenden Schicht.

Möglicherweise verändert sich der Bremsuntergrund auch durch Düngung, Schädlingsbekämpfung oder andere chemische Maßnahmen. An den Stationen des MD und den Bodenfeuchtemessungen unter Dauerrasen sind hierdurch jedoch keine merklichen Änderungen der Kalibrierung zu erwarten.

3.3. Berechnung der Kalibrierbeziehung relative Impulsrate — totaler Wassergehalt des Bodens

Die zur Feldkalibrierung erforderlichen Probenentnahmen beim Einbohren der Meßrohre erfolgten in Tiefenstufen von 5 cm mit einem Ausstecher von 40 cm^3 Rauminhalt, der für diesen Zweck entwickelt worden war (WENDLING 1966). Nach jeder Probeentnahme wurde das Meßrohr 5 cm tiefer in den Boden eingeschlagen, der restliche Boden bis zur Unterkante des Rohres ausgebohrt und dann die nächste Probe ausgestochen. Aus den Proben wurden gravimetrisch F und ϱ bestimmt. Es schlossen sich die Messungen mit der Neutronensonde in Tiefenstufen von 10 cm an. Zur Berechnung der Kalibrierbeziehung standen Wertekollektive von 21 in der beschriebenen Weise eingebohrten Meßrohren der folgenden Stationen zur Verfügung:

Stichelsdorf (6 Rohre)[1]	Schwerin (3 Rohre)
Görlitz (3 Rohre)	Grünow (3 Rohre)
Torgau (3 Rohre)	Gera (3 Rohre).

Nach Berechnung des totalen Wassergehaltes F' aus F, ϱ und f_0 (nach Tab. 3) sowie Mittelbildung über die in jeder Tiefe durchgeführten 3 Wiederholungsmessungen in den einzelnen Rohren und Zusammenfassung der Proben zu den Schichten ± 10 cm um die Meßtiefe der Sonde lagen die Wertetripel für die Regressionsrechnung nach Gl. (7) vor. Dabei ist der totale Wassergehalt F' das Mittel aus 12 einzelnen Probeentnahmen (4 Schichten je 5 cm und 3 Wiederholungen) mit insgesamt 480 cm^3 Probenvolumen, während die relativen Impulsraten Q einer jeden Tiefe aus 3×2 min $=$ 6 min Zählzeit errechnet wurden. Aus den so gewonnenen Werten, die in Abb. 8 dargestellt sind, ergab sich als Kalibrierbeziehung

$$F' = -6{,}8 + 1{,}30\,Q \qquad (12)$$

mit einer Bestimmtheit von $B = 0{,}97$ und mit einer Standardabweichung der F'-Werte um die Regression von $s_R = \pm\ 1{,}6$ Vol.-%. Die Gl. (12) gilt nur für die Neutronensonde VA-N-10 Nr. N009. Auf die geringen Abweichungen der Kalibrierbeziehungen der verwendeten Sonden untereinander wird später eingegangen.

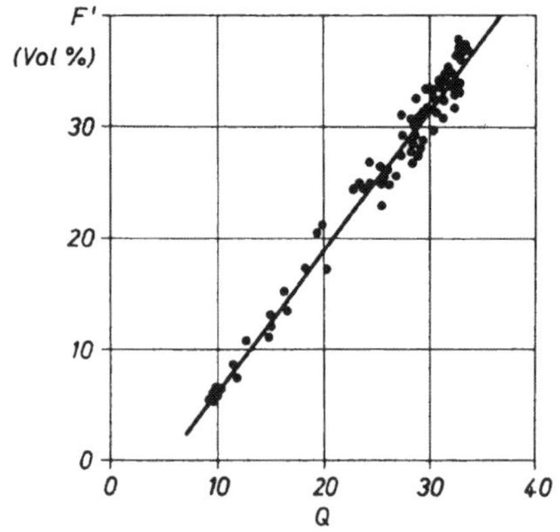

Abb. 8. Ergebnisse der Feldkalibrierungen von 6 Standorten, März 1967 bis Mai 1968

Trotz der Mittelbildung über die 3 im Abstand von etwa 2 m eingebohrten Meßrohre sind die Abweichungen der Einzelwerte von der errechneten Kalibrierbeziehung noch relativ groß (ca. $^1/_3$ der F'-Werte liegt außerhalb des Bereiches $\pm 1{,}6$ Vol.-% um die Kalibriergerade). Auf diese Tatsache wird von verschiedenen Autoren hingewiesen (s. WEISE 1970) und dafür vor allem die Inhomogenität des Bodens und die Fehler bei der gravimetrischen Bestimmung der Bodenfeuchte als Gründe angegeben. Den Meßwerten der Neutronensonde wird demgegenüber eine größere Genauigkeit beigemessen.

[1] Station des Lehrkollektivs Agrarmeteorologie der Sektion Pflanzenproduktion an der Martin-Luther-Universität Halle.

In der Zeit von Juli 1968 bis Ende 1970 vergrößerte sich das Bodenfeuchtemeßnetz um die Stationen:

Cottbus	Müncheberg
Gardelegen	Neuglobsow
Groß Lüsewitz	Neustrelitz
Magdeburg	Teterow.

Bei diesen Stationen vereinfachte sich durch die schon vorliegende Kalibrierbeziehung die Bestimmung des Bremsuntergrundes, da auch hier F_0 die Differenz zwischen der gravimetrisch bestimmten Bodenfeuchte F einer jeden Schicht und dem Wert F', berechnet aus dem zugehörigen Q aus Gl. (12), darstellt. Es gilt dann

$$f_0 = \frac{-6{,}8 + 1{,}30\,Q - F}{\varrho}. \qquad (13)$$

Die so berechneten Werte des Bremsuntergrundes an den genannten acht Stationen sind in Tab. 4 angegeben. Der Bremsuntergrund der Sand-Standorte ist am niedrigsten, die Schwarzerde in Magdeburg hat dagegen wegen ihres hohen Humusgehaltes in der Oberschicht (0 bis 30 cm Tiefe) mit 5,9 M.-% den größten Bremsuntergrund.

3.4. Anschluß weiterer Neutronensonden an die gewonnene Kalibrierbeziehung und Überprüfung der Konstanz der Kalibrierung

Mit der Bestimmung der Beziehung Impulsrate — totaler Wassergehalt und des Bremsuntergrundes ist das Problem der Kalibrierung einer Neutronensonde für die Praxis gelöst. Die Sonde kann an jedem beliebigen Standort nach dem Einbau der Meßrohre und der Berechnung von f_0 aus den dabei anfallenden Bodenproben eingesetzt werden. Beim Aufbau eines Stationsnetzes ist es jedoch erforderlich, alle einzusetzenden Neutronensonden an die mit einer Sonde gewonnene Kalibrierbeziehung anzuschließen. Obwohl die Berechnung der relativen Impulsraten Q eine Reihe von Einflußgrößen ausschaltet, können auch bei den Sonden des gleichen Typs geringe Unterschiede der Kalibrierung auftreten. Außerdem kann sich die Kalibrierung mit der Zeit ändern, z. B. nach größeren Reparaturen.

Für den Anschluß aller Sonden des Bodenfeuchtemeßnetzes an die Grundkalibrierung und deren regelmäßige Überprüfung werden nach BELL u. MCCULLOCH (1969) Bremssubstanzen benötig, die zeitlich genau konstant bleiben, nicht zu kostspielig

Tabelle 4

Bremsuntergrund für Neutronen (f_0 in Masse-%) für weitere Stationen des Bodenfeuchte-Meßnetzes

Station	Bodenart	Tiefen (cm)							
		0—30	40	60	80	100	120	140	160
Cottbus	Sand mit einzelnen dünnen Kies- und Lehmschichten	1,5	0,8	0,9	1,9	2,3	2,0	1,8	4,1
Gardelegen	Sand	1,4	1,4	1,1	1,2	2,0	2,3	2,7	2,2
Gr. Lüsewitz	anlehmiger Sand, ab 60 cm sand. Lehm	3,9	5,1	5,8	5,7	5,9	5,5	5,5	5,9
	dgl. im Lysimeter	3,8	3,2	4,0	4,5	6,0	5,7	5,9	5,3
Magdeburg	Löß-Schwarzerde	5,9	5,2	4,5	4,0	3,6	3,5	5,1	5,5
Müncheberg	Sand bis lehm. Sand Kiesschichten	2,1	2,0	2,6	2,9	3,4	3,0	3,1	3,2
Neuglobsow	Sand (Grobsand, z. T. steinig)	1,9	1,4	1,3	1,1	2,1	2,7	4,2	2,7
Neustrelitz	anlehm. Sand, ab 90 cm Geschiebelehm	3,4	3,5	4,1	5,3	4,2	3,7	2,3	2,1
Teterow	schwach lehm. Sand ab 70 cm Lehm	2,5	1,9	2,1	2,3	4,0	3,7	4,3	6,0

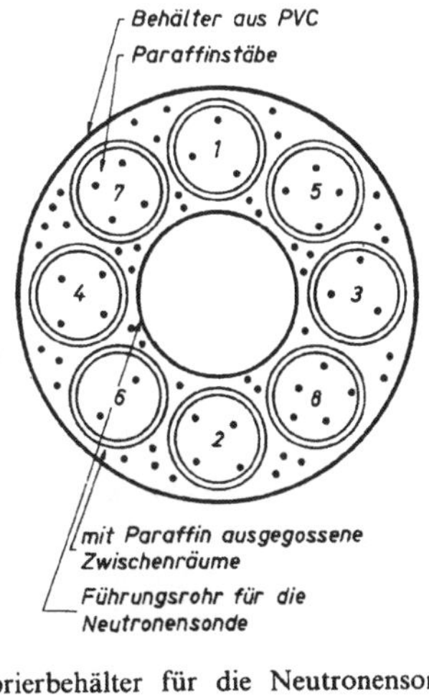

Abb. 9. Kalibrierbehälter für die Neutronensonden vom Typ VA-N-10 und PR 2829.1
a — Kalibrierbehälter im Einsatz, *b* — Schnittzeichnung

sind und die sich eindeutig bestimmten Bodenfeuchtewerten in dem vorkommenden Schwankungsbereich zuordnen lassen. VETTERLEIN (1968) verwendet hierzu eine Reihe von Fässern, die Sand mit verschiedenen Paraffinanteilen gemischt enthalten, so daß eine Sonde in jedem Faß einen anderen Impulswert anzeigt. MORTIER u. a. (1959) und BAVEL (1961) dagegen benutzen verschiedene organische Flüssigkeiten bzw. kristalline Stoffe mit unterschiedlichem Gehalt an Kristallwasser.

Beim Einsatz der Neutronensonde in einem über die ganze DDR ausgedehnten Meßnetz war ein handlicher, transportabler Behälter für die Überprüfung der Kalibrierung an den Stationen erforderlich. Der in Abb. 9 dargestellte Paraffin-Kalibrierbehälter (WENDLING 1969a) hat sich für diese Zwecke sehr gut bewährt. Er besteht aus 8 Paraffinstäben von 35 mm Durchmesser und 350 mm Länge, die symmetrisch um das Führungsrohr für die Neutronensonde angeordnet sind. Durch das Einschieben von Paraffinstäben wird die Neutronenbremsung stufenweise gesteigert. Da die Neutronensonde nicht symmetrisch aufgebaut ist (s. Abb. 4), muß bei den festgelegten 5 Kalibrierstufen auf die Einhaltung der vorgegebenen Anordnung der Stäbe zur Sonde geachtet werden, wie es aus der Numerierung der Stäbe in Abb. 9b und den Angaben in Tab. 5 hervorgeht.

Die in Tab. 5 angeführten relativen Impulsraten in den 5 Kalibrierstufen sind mit derselben Sonde gewonnen worden wie alle Feldkalibrierungen. Auch bei der Stufe Null ohne Paraffinstäbe wird eine geringe Impulsrate angezeigt, die auf der Wirkung des zum Ausgießen der Zwischenräume verwendeten Paraffins beruht. Nach Einsetzen in Gl. (12) ergeben sich die den Kalibrierstufen entsprechenden Werte des totalen Wassergehalts F', die die Grundlage für die weitere Verwendung des Paraffin-Kalibrierbehälters bilden.

Das Material der Meßrohre hat auf die Kalibrier-

Tabelle 5

Zuordnung des totalen Wassergehaltes F' zur relativen Impulsrate Q im Paraffin-Kalibrierbehälter Nr. 1 mit der Neutronensonde Nr. N009

Kalibrierstufe	verwendete Paraffinstäbe	relative Impulsraten Q	entsprechende Werte für F' (Vol.-%)		
			PVC-Rohr		Al-Rohr
			75 × 3,6 mm	90 × 5 mm	70 × 4 mm
0	keine	5,15	0,0	6,0	0,3
2	1 + 2	10,54	6,9	14,2	3,3
4	1 ... 4	16,54	14,7	22,7	6,5
6	1 ... 6	26,85	28,1	38,2	12,0
8	1 ... 8	38,71	43,5	55,7	18,7

beziehung einen großen Einfluß. Während bei der Feldkalibrierung die im Bodenfeuchtemeßnetz üblichen Rohre 75 × 3,6 mm aus PVC verwendet wurden, kamen bei Sondermessungen z. T. andere Rohre zum Einsatz. Für diese Fälle gelten die Werte der beiden letzten Spalten der Tabelle 5.

Wegen der Schwankungen des radioaktiven Zerfalls sind bei allen radiometrischen Messungen Toleranzbereiche vorgegeben, deren Größe von der Zahl der erfaßten Impulse abhängt (s. Abschn. 4.). Für die mit der kalibrierten Neutronensonde VA-N-10 Nr. N009 gemessenen relativen Impulsraten liegen diese Toleranzen zwischen 1,2 und 3% (Tab. 6). Wird mit dieser Sonde zu einem späteren Termin die Messung im Kalibrierbehälter wiederholt oder Kalibrierungen für andere Sonden durchgeführt, so bleibt die Kalibrierbeziehung unverändert, wenn die Messungen im Toleranzbereich liegen. Das ist jedoch für die übrigen im Meßnetz verwendeten Sonden nicht der Fall, wie aus Tab. 6 hervorgeht. Die Abweichungen der relativen Impulsraten in den einzelnen Kalibrierstufen sind hier etwa um den Faktor 3 größer, so daß für jede Sonde die Aufnahme einer gesonderten Kalibrierungbeziehung erforderlich ist.

Nach der Kalibrierung einer Sonde ist mit dem entwickelten Kalibrierbehälter die Ermittlung der speziellen Kalibrierbeziehungen leicht möglich. Jede Sonde liefert in den fünf Kalibrierstufen Wertepaare Q, F', aus denen mittels Ausgleichsrechnung die Kalibriergleichungen erhalten werden.

3.5. Anschluß von Neutronensonden mit veränderter Geometrie

Beim Betrieb eines Meßnetzes ist eine Typenänderung der verwendeten Geräte nicht auszuschließen. Die ab 1976 eingesetzte Neutronensonde vom Typ S-23 unterscheidet sich insbesondere in der Sondengeometrie (s. Tab. 1). Gemäß TGL 11 461/08 ist die Kalibrierkurvengleichung nicht mehr linear, sondern ein Polynom 2. Grades. Die Kalibrierung der Sonde S-23 Nr. 034 ergab die Beziehung

$$F' = -3{,}44 + 0{,}3032Q + 0{,}0031Q^2 . \quad (14)$$

Analog zu den Ausführungen in Abschn. 3.4 wurde diese Beziehung auf einen Kalibrierbehälter übertragen, um den Anschluß der übrigen Sonden und die Überprüfung der Kalibrierbeziehungen zu ermöglichen. Wegen der etwas veränderten Anordnung der Stäbe müssen hier die Kalibrierstufen 0 bis 6 (mit 6 Stäben) verwendet werden. Bei 7 und 8 Stäben liegt der Meßwert über dem vor kommenden Bodenfeuchtebereich. Die damit festgelegte Zuordnung zu den Kalibrierstufen ist in Tab. 7 angegeben. Abb. 10

Tabelle 6

Abweichungen der relativen Impulsraten Q bei den im Bodenfeuchtemeßnetz verwendeten Neutronensonden im Vergleich zur Kalibriersonde (α = 1%)

Kalibrierstufe	zulässige Abweichungen (%)	gemessene Abweichungen aller vorhandenen Sonden (%)	
	Kalibriersonde Nr. N009	14 Sonden VA-N-10	10 Sonden PR 2829.1
0	3,0	10	8
2	2,1	7	5
4	1,7	6	4
6	1,4	5	3
8	1,2	4	2

zeigt den für die Abmessungen der Sonde S-23 abgeänderten Kalibrierbehälter in einer Schnittzeichnung.

Tabelle 7
Zuordnung des totalen Wassergehalts F' zur relativen Impulsrate Q im Kalibrierbehälter Nr. 3 mit der Neutronensonde S-23 Nr. 034

Kalibrierstufe	verwendete Stäbe	relative Impulsraten Q (%)	totaler Wassergehalt F' (Vol.-%) Stahlrohr 28 × 5 mm
0	keine	23,60	5,4
1	1	32,85	9,9
2	1 + 2	40,21	13,8
3	1...3	51,09	20,1
4	1...4	60,43	26,2
5	1...5	71,12	33,8
6	1...6	85,32	45,0

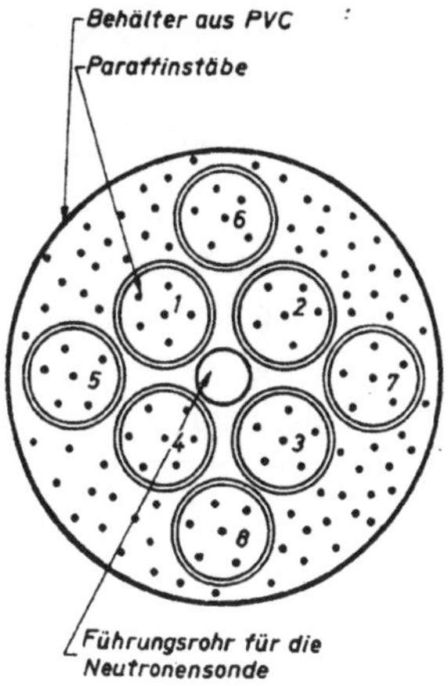

Abb. 10. Kalibrierbehälter für die Neutronen-Tiefensonde S-23 (Schnittzeichnung)

4. Meßfehler der Neutronen-Bodenfeuchtesonden

Die Genauigkeit der mit einer Neutronensonde ermittelten Bodenfeuchte wird von einer Anzahl sich überlagernder Fehler bestimmt. So unterscheiden HEWLETT u. a. (1964):
— Instrumentenfehler
— Fehler der Zeitmessung bei der Impulszählung
— Ortsfehler wegen der unterschiedlichen Zusammensetzung und Wasserverteilung des Bodens
— Fehler der Probeentnahme auf dem Feld für die Kalibrierung
— Fehler der Koeffizienten der Kalibrierbeziehung
— Fehler bei der Einstellung der Tiefenstufen.

Nach HALEVY (1968) sind zwei Fehlergruppen zu unterscheiden, die *Präzision* (Grad der Übereinstimmung wiederholter Messungen) und die *Treffgenauigkeit* (Grad der Annäherung eines aus Stichprobenwerten berechneten Schätzwertes an den zu schätzenden Parameter).

Zu folgenden Fehlern der Bodenfeuchtemessung mit Neutronensonden wurden Untersuchungen durchgeführt:

Präzision
Innere Meßfehler bei homogener Bremssubstanz ΔF_g, bestehend aus:
ΔF_z = Zufallsschwankungen des radioaktiven Zerfalls der Quelle,
ΔF_e = Fehler durch die Einflüsse des elektronischen Teils der Meßgeräte,
ΔF_r = Fehler durch die Einflüsse des Meßrohres und die Stellung der Sonde im Meßrohr.

Treffgenauigkeit
Äußere Meßfehler bei homogener Bremssubstanz, d. h.:
ΔF_k = Genauigkeit der Kalibrierung,
ΔF_b = Genauigkeit der Bestimmung des Bremsuntergrundes.

Zusätzliche Fehler durch die natürliche Inhomogenität des Bodens:
ΔF_s = Einfluß von Grenzschichten im Bodenprofil,
ΔF_{0b} = Einfluß der Bodenoberfläche,
ΔF_h = Einfluß horizontaler Unterschiede der Bodenfeuchte.

Die getroffenen Abschätzungen des Gesamtfehlers der Bodenfeuchtemessungen aus den genannten Komponenten werden verglichen mit den Ergebnissen von Schätzungen der Bodenfeuchte-Ganglinie aus der Wasserhaushaltsgleichung und mit Ergebnissen aus wägbaren Lysimetern. Die Angaben der einzelnen Meßfehler erfolgen soweit möglich entsprechend TGL 11461 (Sondierungen mit radiometrischen Oberflächensonden) als absolute oder relative Grenzdifferenz bei einer Irrtumswahrscheinlichkeit von $\alpha = 5\%$. Ebenso verfahren z. B. CZERATZKI (1968) und BELL u. MCCULLOCH (1969).

4.1. Innere Meßfehler bei homogener Bremssubstanz

4.1.1. Zufallsschwankungen des radioaktiven Zerfalls der Neutronenquelle

Der radioaktive Zerfall einer jeden Strahlenquelle schwankt um einen Mittelwert, so daß Impulszählungen immer mit einem statistischen Fehler behaftet sind. Die zu erwartenden Impulsraten entsprechen einer POISSON-Verteilung, die bei den mit der Neutronensonde gemessenen relativ großen Impulsraten in eine Normalverteilung übergeht (HERTZ 1960). Dann ist die Standardabweichung der Impulszählung gegeben durch

$$\sigma = \pm \sqrt{Z} = \sqrt{IR \cdot t}\,. \qquad (15)$$

Der Variationskoeffizient der Impulsraten beträgt

$$\sigma\% = \pm \frac{100}{\sqrt{IR \cdot t}} . \qquad (16)$$

Bei einer Stichprobe von aufeinanderfolgenden Impulszählungen ist $s\%$ meist etwas größer als der oben angegebene theoretische Wert $\delta\%$, was u. a. auf Fehlern bei der Zeitmessung mit Stoppuhr beruht. So ergaben 50 Einzelmessungen im Abschirmbehälter mit der Neutronensonde VA-N-10 Nr. N009 bei $t = 1$ min folgende Werte:

Mittelwert der Impulsraten $IR = 27124\ \text{min}^{-1}$,
Variationskoeffizient $s\% = \pm 0{,}65\%$,
theoretischer Wert $\delta\% = \pm 0{,}61\%$.

Durch eine Erhöhung der Meßzeit t kann $\delta\%$ beliebig verkleinert werden. In der Praxis wählt man eine optimale Meßzeit t' aus, in der das Meßergebnis bei einer vorgegebenen Irrtumswahrscheinlichkeit (meist $\alpha = 5\%$) die gewünschte Präzision erreicht. KOITZSCH (1968) gibt ein Verfahren zur Berechnung von t' für die im Bodenfeuchte-Meßnetz eingesetzten Neutronensonden an, das für eine lineare Kalibrierbeziehung und die Verwendung von relativen Impulsraten gilt. Es zeigt sich, daß t' mit wachsender Bodenfeuchte ansteigt und bei 30 Vol.-% etwa 1 min beträgt.

Da im Routineeinsatz die Meßzeit nicht mit der zu erwartenden Bodenfeuchte variabel sein kann, wurde eine mittlere optimale Meßzeit von $t = 1$ min festgelegt. Die von KOITZSCH angegebene Gleichung gestattet dann die Berechnung der mit dieser Meßzeit erreichbaren Präzision der Bodenfeuchtewerte ΔF_z, die durch die Zerfallsstreuung bedingt ist.

$$\Delta F_z = \sqrt{\frac{1{,}96^2 \cdot b^2 \cdot Q(Q+100)}{t \cdot K}} = \sqrt{\frac{A}{t} \cdot Q(Q+100)} . \qquad (17)$$

Tabelle 8
Präzision ΔF_z der Bodenfeuchtewerte, bedingt durch die Schwankungen des radioaktiven Zerfalls (Vol.-%), Meßzeit $t = 1$ min, $\alpha = 5\%$

Sondentyp	Einzelmessungen		3 Wiederholungsmessungen	
	Bodenfeuchte		Bodenfeuchte	
	5 Vol.-%	30 Vol.-%	5 Vol.-%	30 Vol.-%
VA-N-10	0,56	1,07	0,33	0,62
PR 2829.1	0,44	0,84	0,26	0,48
S-23	0,75	1,48	0,43	0,85
S-23/1	0,29	0,57	0,17	0,33

Für A ergeben sich unter Berücksichtigung der Kalibrierbeziehungen und der Impulsraten der eingesetzten Neutronensonden die Zahlenwerte:

Sondentyp VA-N-10 $A = 2{,}6 \cdot 10^{-4}$
Sondentyp PR 2829.1 $A = 1{,}6 \cdot 10^{-4}$
Sondentyp S-23 $A = 2{,}0 \cdot 10^{-4}$
Sondentyp S-23/1 $A = 0{,}3 \cdot 10^{-4}$.

Aus Gl. (17) erhält man für die verwendeten Sondentypen die Werte für ΔF_z, wie sie in Tab. 8 angegeben sind. Sie stellen mittlere Werte dar, die für die einzelnen Sonden um weniger als 10% schwanken.

4.1.2. Fehler durch Einflüsse des elektronischen Teils der Meßeinrichtung

Im Laufe der Zeit können durch äußere und innere Einflüsse Schwankungen der Impulsraten der Neutronensonden auftreten, die über den Fehler durch die Zerfallsstreuung hinausgehen. Sie lassen sich am besten an der zeitlichen Änderung der Kontrollwerte nachweisen. Als Beispiel hierfür seien die Werte der Sonde VA-N-10 Nr. N007 angeführt, die an der Station Grünow seit 1967 ohne größere Reparaturen im Einsatz ist. Die in Abb. 11 dargestellten Kontrollwerte im Zeitraum von 3 Jahren sind also nicht durch äußere Eingriffe in die Geräte zu erklären. Die einzelnen Kontrollwerte (Mittel aus je zwei Impulszählungen vor und nach den Messungen im Boden) haben nach Gl. (16) einen relativen Fehler von $\pm 0{,}44\%$, das entspricht etwa ± 110 Impulsen min^{-1}. In den 3 Jahren liegen die Kontrollwerte jedoch zwischen 24200 und 25400 Impulsen min^{-1}, das ist etwa der fünffache Wert des möglichen Fehlers der einzelnen Kontrollmessung.

Äußere Ursachen für diese Änderungen sind z. B. Einflüsse der Gerätetemperatur (insbesondere der

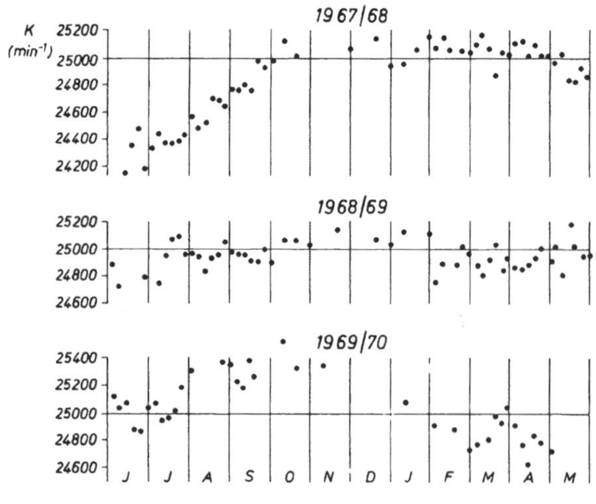

Abb. 11. Änderungen der Kontrollwerte der Neutronensonde VA-N-10 Nr. N007 in der Zeit von Juni 1967 bis Mai 1970

Temperatur des Zählrohres) und die Wirkung unterschiedlicher Batteriespannung. Für die Sonden vom Typ VA-N-10 sind Angaben zu diesen Fehlerursachen bei KOITZSCH (1968) zu finden. Danach betragen bei dem dort erprobten Gerätesatz unter normalen Einsatzbedingungen die relativen Änderungen der Impulsraten —0,05%/K bei der Gerätetemperatur und —0,2%/V bei der Batteriespannung. Eine Überprüfung dieser Werte mit einer Sonde vom Typ PR 2829.1 ergab —0,04%/K bzw. —0,1%/V, also fast die gleichen Änderungen.

Nimmt man an, daß die Gerätetemperatur in dem in Abb. 11 dargestellten Zeitraum zwischen —5 und +30 °C und die Batteriespannung zwischen 9 und 12 V lagen, so können dadurch zusätzlich zu der Zerfallsschwankung von $s\% = 0{,}4\%$ relative Fehler von $\pm 0{,}9$ bzw. $\pm 0{,}3\%$ entstehen. Da die Abweichungen möglicherweise zufällig alle in der gleichen Richtung wirken können, muß als maximale Schwankung der Kontrollwerte im Beispiel von Abb. 11 die Summe der angeführten relativen Fehler angesetzt werden, so daß sich ein Wert von $\pm 1{,}6\%$ ergibt. Dadurch wird mit ± 400 Impulsen min^{-1} ein Teil der beobachteten Schwankung der Kontrollwerte erklärt, der Rest dürfte auf die Alterung der elektronischen Bauelemente zurückzuführen sein.

Die Veränderlichkeit der Kontrollwerte wirkt sich proportional auch bei den Impulszählungen im Boden aus, was den Meßfehler entsprechend vergrößern würde. Diese Fehler lassen sich auf einfache Weise vermeiden, wenn zur relativen Impulsrate $Q = 100\ IR/K$ übergegangen wird (BAVEL u. a. 1961, s. a. Gl. (6)). Die Wirkung dieses Vorgehens für die in Grünow langjährig eingesetzte Neutronensonde ist aus der Tab. 9 zu ersehen, in der Nachprüfungen der Kalibriergleichung vom Juli 1967 (Kontrollwerte sehr niedrig, vgl. Abb. 11) und November 1969 (Kontrollwerte sehr hoch) gegenübergestellt sind. Die relativen Impulsraten in den fünf Kalibrierstufen weichen trotz des großen Unterschiedes der Kontrollwerte nicht mehr als zulässig voneinander ab, im Mittel ist die Abweichung kleiner als 0,1%. Die regelmäßigen Impulszählungen im Abschirmbehälter haben somit nicht nur für die fortlaufende Kontrolle der Meßeinrichtung eine Bedeutung, sondern sie ermöglichen durch die Berechnung der relativen Impulsraten eine weitgehende Vermeidung gerätebedingter Meßfehler. Der Zeitaufwand für die Kontrollmessungen zu Beginn und am Ende einer Bodenfeuchtemessung und deren Berücksichtigung in Form der relativen Impulsraten ist also voll gerechtfertigt.

Tabelle 9
Überprüfung der Kalibrierung der Neutronensonde VA-N-10 Nr. N007 (Meteorologische Station Grünow) im Kalibrierbehälter Nr. 1

		6. 7. 1967	27. 11. 1969	Abweichung
Kontrollwert IR_K (min^{-1})		24048	25626	+1578
rel. Impulsraten Q (%) in Kalibrierstufe	0	5,9	5,8	−0,1
	2	11,0	11,3	+0,3
	4	16,8	16,8	0,0
	6	26,7	26,5	−0,2
	8	38,3	38,1	−0,2

Ein weiterer gerätebedingter Fehler wäre möglich, wenn bis zur Konstanz der Impulszählung eine längere Einlaufzeit der Meßgeräte erforderlich wäre. Bei den Neutronensonden vom Typ VA-N-10 muß diese Einlaufzeit berücksichtigt werden, da die Impulsraten kurz nach dem Einschalten um maximal 1,3% zu niedrig liegen (KOITZSCH 1968). Nach etwa 20 min ist diese Abweichung auf die Hälfte zurückgegangen. Im praktischen Einsatz wird die Messung nach einer Einlaufzeit von 5 min begonnen, dann ist die Abweichung höchstens 1%. Bei der Geräten vom Typ PR 2829.1 sind dagegen die Impulsraten schon in der ersten Minute nach dem Einschalten konstant.

4.1.3. Fehler durch Einflüsse des Meßrohres

Das Material der im Boden eingebauten Meßrohre hat großen Einfluß auf die Meßempfindlichkeit $S = \mathrm{d}IR/\mathrm{d}F$ der Neutronensonde. Nach WENDLING (1967) ist sie bei Aluminiumrohren etwa doppelt so groß wie bei den im Meßnetz verwendeten PVC-Rohren (s. Tab. 1). Trotzdem wurden für die Sonden vom Typ VA-N-10 und PR 2829.1 PVC-Rohre eingesetzt, weil sie über Jahre hinweg korrosionsbeständig sind. Die gewählte Meßzeit gleicht den dadurch bedingten Verlust an Meßgenauigkeit aus.

Bei den verwendeten PVC-Rohren können Wandstärke und Zusammensetzung in gewissen Grenzen schwanken. Dadurch entstehen keine zusätzlichen Fehler, da die Feldkalibrierung am Standort mit den schon eingebohrten Rohren erfolgt, so daß mögliche Abweichungen in dem Korrekturfaktor F_0 berücksichtigt werden. Ein geringer Luftspalt zwischen Neutronensonde und Meßrohr hat keinen Einfluß auf die Genauigkeit. Messungen zur Wirkung der zufälligen Auslenkung der Sonde aus der exakten Mittellage wurden in verschieden dimensionierten Rohren durchgeführt. Eine Verdrehung der Sonde wurde verhindert, jedoch nach jeweils 10 Einzelmessungen eine Neueinstellung der Meßtiefe vorgenommen und dadurch eine zufallsbedingte seitliche Verschiebung der Sonde im Meßrohr erzeugt. Der Variationskoeffizient $s\%$ steigt mit der Größe des Luftspaltes zwischen Sonde und Meßrohr an (s. Tab. 10), wobei das im Meßnetz verwendete Rohr mit 4 mm

Tabelle 10

Schwankungen der Impulsraten einer Neutronensonde in Abhängigkeit vom Durchmesser der Meßrohre

Meßrohr (mm)	Innen-∅ (mm)	Luftspalt (mm)	Zahl d. Einstellungen	s%	statist. Sicherung
PVC 90 × 5,0	80	10	50	1,99	+ +
PVC 75 × 3,6	68	4	46	1,90	–
PVC 75 × 3,6	62[1]	1	70	1,91	–

[1] Verringerung des Spielraumes der Sonde durch 3 Führungsstäbe von je 3 mm ∅

Luftspalt noch keine Verringerung der Präzision des Meßergebnisses ergibt. Das deckt sich mit Angaben von EMEL'JANOV (1967), der bei 5 mm und weniger Abstand zwischen Sonde und Meßrohr keine Beeinträchtigung der Meßwerte fand.

4.2. Meßgenauigkeit im Boden unter Praxisbedingungen

Wegen der natürlichen Inhomogenität des Bodens können die Impulsraten zusätzlich durch weitere Fehler beeinflußt sein. Dabei ist zwischen der Inhomogenität im durchstrahlten Bodenvolumen und außerhalb dieses Volumens zu unterscheiden.

Die Neutronensonde integriert über ein relativ großes Bodenvolumen. Es beträgt, abzüglich Meßrohr, je nach Bodenfeuchte 3 bis 30 dm^3, wobei das große erfaßte Bodenvolumen für niedrige Bodenfeuchte gilt. Das ist im Vergleich zur Bohrstockmethode ein wesentlicher Vorteil, wo nur Proben von wenigen cm^3 entnommen werden konnten. Die Inhomogenitäten im Meßvolumen lassen sich jedoch trotzdem nicht völlig ausgleichen, insbesondere, wenn Grenzschichten oder Bodenhorizonte mit starker Feuchteänderung angeschnitten werden. Da in solchen Fällen das wirkliche Feuchteprofil nicht bekannt ist, kann keine Aussage über die Fehler der Messungen in den einzelnen Tiefen erfolgen. Die Fehler sind aber sicher nicht sehr groß, weil diese nur vertikalen Änderungen sich in dem kugelförmigen Volumen insgesamt weit weniger auswirken. Ein Sonderfall ist die Messung in der Nähe der Bodenoberfläche, auf den später eingegangen wird.

Zur Abschätzung der Meßfehler wird zunächst von einem homogenen Boden ausgegangen. Für die Bestimmung der Bodenfeuchte in der Tiefe i gilt nach Gl. (7) und (8):

$$F_i = a + bQ_i - F_{0,i} \,. \qquad (18)$$

Dabei ergibt sich unter Praxisbedingungen Q_i aus 3 Messungen der Impulsrate mit $t = 1$ min, wobei ein Fehler der Zeitmessung von 1% angenommen wird. Bezogen wird auf eine aus 4 Messungen errechnete Impulsrate im Kontrollbehälter. Alle Größen der Gl. (18) sind mit zufälligen Fehlern behaftet. Die Schätzwerte ihrer Varianzen seien s_a^2, s_b^2, s_Q^2 und $s_{F_0}^2$. Dann ist nach dem GAUSSschen Fehlerfortpflanzungsgesetz der Fehler der Bodenfeuchte einer Tiefe gegeben durch

$$s_F^2 = s_a^2 + Q_i^2 s_b^2 + b^2 s_{Q_i}^2 + s_{F_0}^2 \,, \qquad (19)$$

wobei $s_E^2 = s_a^2 + Q_i^2 s_b^2$ die Varianz der Kalibrierkurvengleichung darstellt. Die einzelnen Fehleranteile sind in Tab. 11 aufgeführt. Insgesamt erhält man als Meßunsicherheit der Bodenfeuchte ΔF in einer Tiefe bei $\alpha = 5\%$ für die Sondentypen VA-N-10 und PR 2829.1

$$\Delta F \approx \pm 1{,}3 \text{ Vol.-\%} \,.$$

Die fest vorgegebene Meßzeit bedingt einen nur wenig von der Bodenfeuchte abhängigen absoluten Fehler, was hohe relative Fehler bei kleinen Bodenfeuchten zur Folge hat. Einen etwa konstanten relativen Fehler erhält man bei der Zeitmessung für vorgegebene Impulszahlen, was bei modernen Zählern möglich ist.

Tabelle 11

Standardabweichungen s (Vol.-%) der Einflußgrößen der Fehlerabschätzung

Sondentyp	F = 5 Vol.-%				F = 30 Vol.-%			
	s_E	s_b	s_Q	s_{F_0}	s_E	s_b	s_Q	s_{F_0}
PR 2829.1	0,22	0,007	0,13	0,5	0,19	0,007	0,25	0,5
S-23/1	0,22	0,007	0,09	0,5	0,19	0,007	0,17	0,5

Aus den Messungen in den einzelnen Tiefen werden die Schicht-Bodenfeuchten (mm) der Schichten bis 50 cm bzw. 100 cm Tiefe berechnet:

$$\begin{aligned} FG_{50} &= F_{10} + 2 \cdot F_{20} + 2 \cdot F_{40} \,, \\ FG_{100} &= FG_{50} + 2 \cdot F_{60} + 2 \cdot F_{80} + F_{100} \,. \end{aligned} \qquad (20)$$

Die Meßunsicherheit beträgt dann

$$\Delta FG_{50} \approx 4 \text{ mm} \,,$$
$$\Delta FG_{100} \approx 5 \text{ mm} \,.$$

Für die Sonde vom Typ S-23 erhält man etwa die gleichen Meßunsicherheiten. Die wesentlich höheren Impulsraten der Sonde S-23/1 dagegen haben eine Verbesserung der Genauigkeit zur Folge. Das wirkt sich bei der Meßunsicherheit der Einzelwerte noch nicht wesentlich aus wegen der relativ großen Fehleranteile, die von der Impulszählung unabhängig sind. So erhält man für den Sondentyp S-23/1

$$\Delta F \approx \pm 1{,}1 \text{ Vol.-\%}.$$

Soll aber die Wasservorratsänderung W des Bodens zwischen zwei Terminen berechnet werden, wirken sich die Fehler der Größen a und F_0 (s. Gl. (18)) nicht aus. Allerdings sind die zu erfassenden Änderungen klein und betragen im Mittel nur 1,2 mm d^{-1} in der Schicht bis 50 cm Tiefe bzw. 1,8 mm d^{-1} bis 100 cm Tiefe (WEISE u. WENDLING 1975). In Perioden ohne Niederschlag kann daher für eine Fehlerabschätzung eine mittlere Änderung von —10 mm in 5 Tagen bzw. von —60 mm im Monat angesetzt werden. Wird näherungsweise angenommen, daß die Wasservorratsänderung im Boden proportional der Differenz der mittleren relativen Impulsraten, errechnet aus den angegebenen 6 Meßtiefen, ist, so gilt

$$W \approx 10b(\bar{Q}_2 - \bar{Q}_1) \tag{21}$$

und die Fehlerabschätzung ergibt

$$s_W^2 = 100\left[s_b^2(\bar{Q}_2 - \bar{Q}_1)^2 + b^2(s_{\bar{Q}_2}^2 + s_{\bar{Q}_1}^2)\right]. \tag{22}$$

Die Meßunsicherheit der Wasservorratsänderung der obersten Meterschicht des Bodens beträgt dann für die oben angegebenen Änderungen bei einem Ausgangswert von 30 Vol.-% in der gesamten Schicht:

Sonde PR 2829.1 $\Delta W_{100} \approx \pm 3{,}5$ Vol.-%,
Sonde S-23/1 $\Delta W_{100} \approx \pm 0{,}6$ Vol.-%.

Bei der Sonde PR 2829.1 sind das 35% der angenommenen fünftägigen Änderung und 6% der monatlichen Änderung. Bei der Sonde S-23/1 liegen die Verhältnisse wesentlich günstiger, man erhält hier relative Fehler von 12% bzw. 2%, so daß sich bei einer Verwendung hochempfindlicher Neutronendetektoren eine Möglichkeit abzeichnet, Bodenfeuchtemessungen zu Aussagen über den kurzzeitigen Wasserverbrauch von Pflanzenbeständen heranzuziehen. Zu gleichen Ergebnissen kommt KOLEV (1978).

4.3. Einfluß der Bodenoberfläche

Schneidet die Bodenoberfläche einen Teil des Meßvolumens der Neutronensonde ab, so wird eine zu niedrige Bodenfeuchte angezeigt. Es gehen dann Neutronen in die Luft über, werden also nicht abgebremst und damit nicht zum Zählrohr zurückgestreut. Die Feldkalibrierungen beim Einbohren der Meßrohre an den Stationen ergaben in 10 cm Meßtiefe deutlich niedrigere Werte, in 20 cm Tiefe jedoch nur noch bei sehr geringen Bodenfeuchten. Aus den in der Literatur angegebenen Beziehungen für den Radius des Meßvolumens in Abhängigkeit von der Bodenfeuchte (BAVEL 1956, ØLGAARD 1965) errechnet sich ein Radius von >20 cm im gesamten vorkommenden Bodenfeuchtebereich.

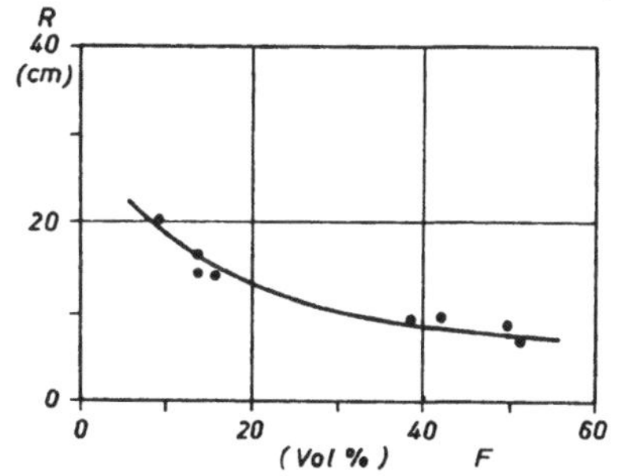

Abb. 12. Radius R des wirksamen Einflußvolumens für Neutronensonden vom Typ VA-N-10 und PR 2829.1 aus Messungen an Sprungschichten der Bodenfeuchte

Für die in der DDR verwendeten Neutronensonden wird die Wirkung horizontaler Grenzschichten durch diese Beziehungen nicht richtig wiedergegeben. Eigene Messungen (Abb. 12) führten zu der Beziehung für die vertikale Reichweite R' (cm)

$$R' = \frac{50}{1{,}4 + 0{,}1\,F}. \tag{23}$$

Danach ist ein Oberflächenfehler in 10 cm Meßtiefe im gesamten Bodenfeuchtebereich, bei 20 cm Meßtiefe nur bei $F < 12$ Vol.-% vorhanden. Die Auswertung der Feldkalibrierungen in der Oberschicht ergaben folgende Korrekturen des Oberflächeneinflusses im Meßnetz:

Meßtiefe 10 cm: +4,0 Vol.-% für alle Bodenfeuchten
Meßtiefe 20 cm: +1,5 Vol.-% für $F \leqq 5$ Vol.-%
+1,0 Vol.-% für $F =$ 5,1...10 Vol.-%
+0,5 Vol.-% für $F =$ 10,1...12 Vol.-%.

5. Prüfung der Bodenfeuchtemessungen durch Vergleich mit Lysimetermessungen

Eine Überprüfung der Genauigkeit der Bodenfeuchtemessungen nach der Neutronenmethode war in den Lysimetern in Groß Lüsewitz möglich, wo in einigen der Monolithe für andere Zwecke Bodenfeuchten zu bestimmen waren.[1] Die Lysimeteranlage besteht aus 6 Monolithen von je 1 m^2 Bodenfläche und 2 m Tiefe, deren Masseänderungen täglich durch mechanische Waagen bestimmt wurden. Die Messungen mit

[1] Die Verwendung der Wägungen des Lysimeter-Monolithen 1 erfolgte mit freundlicher Genehmigung des Eigentümers der Lysimeteranlage, der Wasserwirtschaftsdirektion Küste Stralsund.

Tabelle 12
Schicht-Bodenfeuchte und Wasservorratsänderungen in der Lysimeteranlage Groß Lüsewitz, 1972 bis 1974

Datum	Termin	FG (mm)	M (kg)	W_N (mm)	W_L (kg)
21. 11. 72	nach Aufgang Futterroggen	469	169,6		
6. 3. 73	Maximum der Bodenfeuchte	504	203,4	+ 35	+ 34
25. 5. 73	nach Ernte Futterroggen	365	62,6	−139	−141
11. 6. 73	Bestellung Markstammkohl	384	197,8		
16. 10. 73	nach Ernte Markstammkohl	219	36,1	−165	−162
1. 3. 74	Beginn der Abtrocknung	437	235,2		
16. 4. 74	Bestellung der Kartoffeln	405	203,5	− 32	− 32
1. 7. 74	Minimum der Bodenfeuchte	354	157,4	− 51	− 46
16. 9. 74	nach Ernte Kartoffeln	410	189,1	+ 56	+ 32

Erläuterungen: FG = Schicht-Bodenfeuchte der Schicht 0 ... 200 cm Tiefe,
M = Masse des Lysimeter-Monolithen (Relativwert),
W_N = Wasservorratsänderung zum vorhergehenden Termin, bestimmt mit der Neutronensonde,
W_L = dgl., errechnet aus den Wägungen des Lysimeters.

der Neutronensonde erfolgten aller 5 Tage in je einem Rohr in der Mitte des Monolithen in den auch im Bodenfeuchtemeßnetz üblichen Tiefenstufen von 20 cm Abstand bis in 1,80 m Tiefe. Da die Oberfläche des Monolithen 1 m² beträgt, sind die Masseänderungen (kg) und die Änderungen der Schicht-Bodenfeuchte (mm) zahlenmäßig gleich und daher leicht zu vergleichen.

Die Wägung der Monolithen und somit die Bestimmung der Änderung ihres Wasservorrates ist mit einer Genauigkeit von etwa 0,1 kg möglich, wenn man bei diesem kurzzeitigen Vergleich die anderen zu erwartenden Lysimeterfehler (s. LÜTZKE 1965) außer acht läßt. Das entspricht 0,1 mm der Schicht-Bodenfeuchte der gesamten Bodensäule von 2 m Länge. Mit Hilfe des Lysimeters kann also sehr genau und im Verlaufe des Jahres über einen großen Bereich die richtige Wiedergabe der Wasservorratsänderungen durch die Neutronensonde überprüft werden. Es wird dabei die Konstante b der Kalibriergleichung (s. Gl. 6) bzw. der Anstieg S der Kalibrierkurve (s. Abb. 8) geprüft, nicht die Übereinstimmung mit der wahren Bodenfeuchte gemäß Definition in Abschn. 1.2.

Für die Anbauperioden der Jahre 1973 und 1974 sind in Tab. 12 die Meßwerte beider Verfahren gegenübergestellt. Verglichen wurden die Wasservorratsänderungen zwischen verschiedenen Terminen (Bestellung, Ernte, Extreme der Bodenfeuchte). Die starke Austrocknung des Bodens war für die Vergleiche günstig. In den relativ langen Zeitabschnitten von mehreren Monaten stimmten die nach den genannten Verfahren beobachteten Wasservorratsänderungen W_N und W_L gut überein. Die Abweichungen lagen meist nur bei einigen Millimetern. Lediglich zwischen dem 1. 7. und dem 16. 9. 74 ist die Abweichung größer, die Lysimetermessung ergibt eine um 24 mm geringere Wasservorratsänderung als die Neutronensondenmessung.

Bei der Suche nach der Ursache dieser Differenz wurde festgestellt, daß sie am 26. 8. 74 plötzlich auftrat. Zwischen dem 21. und dem 26. 8. 74 fiel kein Niederschlag, die Verdunstung bewirkte im Lysimeter eine Masseabnahme von 11 kg/5 d, die Neutronensondenmessung ergab dagegen eine Zunahme von 5 mm/5 d, was nur als Meßfehler zu deuten ist. Die Kontrollwerte im Abschirmbehälter gaben keinen Hinweis auf eine Störung. Bei den folgenden Messungen vergrößerte sich die Abweichung weiter und betrug am 16. 10. 74 fast 30 mm. Erst am 21. 10. 74 fiel die Meßeinrichtung wegen eines Defektes aus. Eine Untersuchung der 4 Kontrollmessungen zu jedem Termin ergab folgende Mittelwerte und Variationskoeffizienten:

1. 4. bis 21. 8. 74 $\overline{IR}_K = 24808 \text{ min}^{-1}$ $s\% = \pm 1{,}3\%$
26. 4. bis 16. 10. 74 $\overline{IR}_K = 24432 \text{ min}^{-1}$ $s\% = \pm 1{,}5\%$.

Die festgestellten Schwankungen der Kontrollwerte in beiden Zeitabschnitten sind nach den Ausführungen in Abschn. 4.1.1 zulässig, sie geben also keinen Anhaltspunkt für die eindeutige Erkennung der offensichtlich falschen Meßwerte ab 26. 8. 74. Es muß angenommen werden, daß sich der Defekt, der am 21. 10. 74 zum Ausfall des Gerätes führte, schon vorher durch eine Veränderung in der Kalibrierbeziehung angezeigt hat. Dadurch sind z. B. am 16. 9. 74 (s. Tab. 12) die Meßwerte in den einzelnen Tiefen um durchschnittlich 1,2 Vol.-% zu hoch.

Bei der detaillierten Überprüfung der in Abschn. 4.2 errechneten Genauigkeit der Neutronensondenmessungen mit den fünftägigen Wägungen des Lysimeters wird angenommen, daß letztere keine Fehler haben, wenn man die Masse des heranwachsenden Pflanzenbestandes korrigiert. In der Zeit von November 1972 bis Oktober 1973 wurde zweimal der Bestand abgeerntet, und zwar

am 23. 5. 73 6,40 kg Futterroggen
am 12. 10. 73 7,56 kg Markstammkohl.

Nimmt man einen gleichmäßigen Massezuwachs an, so sind von den Ergebnissen der Wägung abzuziehen:

1. 4. bis 20. 5. 73 0,64 kg/5 Tage
1. 6. bis 10. 10. 73 0,29 kg/5 Tage.

Werden die Lysimeter- und Bodenfeuchtemessungen außerdem als Wasservorratsänderungen zu dem Termin mit dem Minimum dieser Zeitspanne (hier der 16. 1. 73) angegeben, so erhält man vergleichbare Werte. Sie sind in Abb. 13 bis 15 als Gesamtänderung über ein Jahr bzw. als monatliche und fünftägige Änderungen des Wasservorrats dargestellt. Man erhält immer eine Gerade mit einem Anstieg nahe 1,0 und Standardabweichungen um diese Gerade von

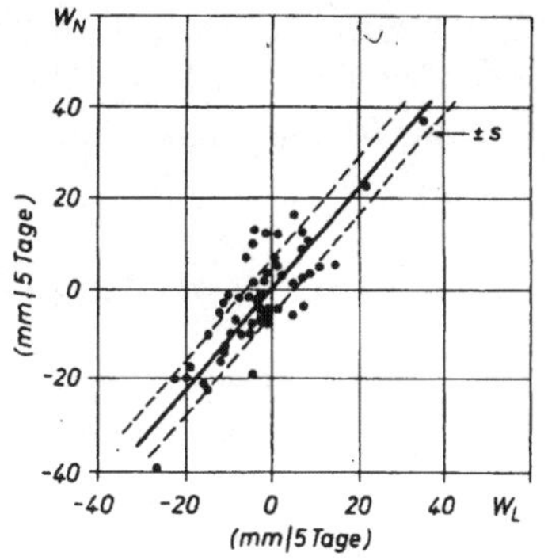

Abb. 14. Fünftägige Wasservorratsänderungen eines Monolithen von 2 m Tiefe, bestimmt mit der Neutronensonde (W_N) und durch die Lysimeter-Wägung (W_L), Lysimeteranlage Groß-Lüsewitz, November 1972 bis Oktober 1973

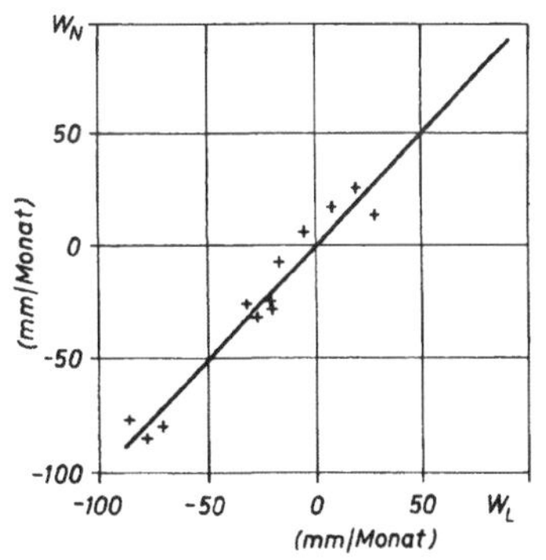

Abb. 15. Monatige Wasservorratsänderungen des Monolithen wie in Abb. 14

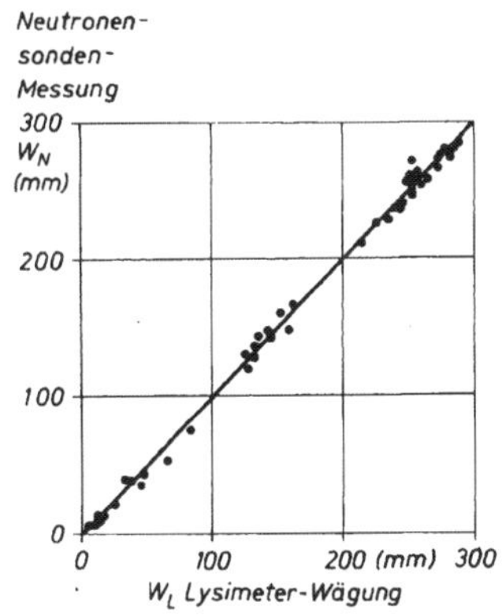

Abb. 13. Gesamt-Wasservorratsänderung in einem Lysimetergefäß von 1 m² Oberfläche und 2 m Tiefe, Vergleich der Wägungen (W_L) und der fünftäglichen Messungen mittels Neutronensonde (W_N), Groß Lüsewitz, November 1972 bis Oktober 1973

$s_R = 5 \dots 6$ mm. Die mit einer Neutronensonde VA-N-10 gewonnenen Ergebnisse bestätigen die Abschätzungen zur Genauigkeit in Abschn. 4 und zeigen, daß durch Bodenfeuchtemessungen mit diesen Geräten wägbare Lysimeter nicht zu ersetzen sind. Die Meßunsicherheit liegt in der Größenordnung der zu erfassenden fünftägigen Änderungen des Wasservorrats. Für viele Untersuchungen ist allerdings eine Kombination beider Verfahren sehr günstig. Dann können, wie Tab. 13 zeigt, die durch Wägung sehr genau ermittelte Gesamt-Wasservorratsänderung einzelnen Bodenschich-

Tabelle 13
Bodenfeuchtegehalte und Wasservorratsänderungen in verschiedenen Bodenschichten, Lysimeteranlage Groß Lüsewitz, 1973

Tiefe	Vegetationsperiode Futterroggen				Vegetationsperiode Markstammkohl			
	Bodenfeuchtegehalt 6. 3. 73	Bodenfeuchtegehalt 23. 5. 73	Wasserverbrauch	Schichtanteil	Bodenfeuchtegehalt 11. 6. 73	Bodenfeuchtegehalt 16. 10. 73	Wasserverbrauch	Schichtanteil
(mm)	(mm)	(mm)	(mm)	(%)	(mm)	(mm)	(mm)	(%)
0 ... 50	119	48	− 71	51	62	16	46	25
50 ... 100	126	74	− 52	37	81	27	− 54	33
100 ... 150	126	117	− 9	7	114	68	− 46	25
150 ... 200	133	126	− 7	5	127	108	− 19	17
0 ... 200	504	365	−139	100	384	219	−165	100

ten zugeordnet werden. So hatte z. B. der Futterroggen in der Zeit von März bis Mai 1973 fast 90% seines Wasserverbrauchs aus der obersten Meterschicht des Bodens gedeckt, der Markstammkohl von Juni bis Oktober 1973 nur 58%, den Rest aus Tiefen von 1 ... 2 m.

6. Anwendung der gewonnenen Bodenfeuchtemeßreihen

6.1. Nutzung der Bodenfeuchtemeßreihen zur Bestimmung der aktuellen Evapotranspiration

Die aktuelle Evapotranspiration AET_i des i-ten Zeitabschnittes einer Meßreihe (Tag, Pentade usw.) ist nach der Wasserhaushaltsgleichung gegeben durch

$$\mathrm{AET}_i = N_i - W_i .$$

Diese Beziehung gilt nur dann, wenn

1) die Wasservorratsänderungen $W_i = FG_i - FG_{i-1}$ für die gesamte Bodenschicht bestimmt werden, die durch Wasserabgabe an die Wurzeln bzw. durch kapillaren Wasseraufstieg der Verdunstung zuliefert,
2) aus dieser Bodenschicht im i-ten Zeitabschnitt kein Wasser versickert sowie kein oberirdischer Abfluß stattfindet,
3) beim Niederschlag die bekannten Meßfehler korrigiert werden (im Sommerhalbjahr ca. +6% nach RICHTER 1975),
4) die Bodenfeuchtemessung so genau ist, daß die Fehler von W_i klein sind gegenüber AET_i.

Für die zu untersuchenden Grasflächen kann angenommen werden, daß die Bodenschicht bis 1,5 m Tiefe die Bedingung 1) erfüllt. Wie später gezeigt wird, trägt die Schicht 100 ... 150 cm Tiefe bei mittleren und schweren Böden nur mit 3 ... 7% zur Verdunstung bei, die Bodenfeuchten in 160 cm Tiefe haben eine jährliche Schwankung von ca. ±1 Vol.-%, d. h. in der Größenordnung der Meßgenauigkeit. Bei Sandböden ergaben die Messungen auch in der Tiefe 150 ... 200 cm eine Austrocknung von maximal 30 mm. Da nicht eindeutig die Verdunstung ihre Ursache war, wurde sie nicht berücksichtigt und generell mit der Bodenschicht von 1,5 m Tiefe gerechnet.

Die Forderung 2) läßt sich durch die Auswahl geeigneter langer Abtrocknungsperioden erfüllen, in denen stets $N_i \leqq \mathrm{AET}_i$ ist. Versickerung und oberirdischer Abfluß sind dann nicht vorhanden. Bei der Festlegung der Abtrocknungsperioden ist zu beachten, daß nach starken Niederschlägen noch einige Tage Versickerung auftreten kann. Die in den Abtrocknungsperioden erfaßten geringen Niederschlagssummen lassen sich gemäß 3) korrigieren.

Wie in Abschn. 5 ausgeführt, sind die einzelnen Bodenfeuchtemessungen zur Bestimmung der Verdunstung zu ungenau. Der Bedingung 4) kommt jedoch die Verwendung von Abtrocknungsperioden sehr entgegen, weil sich dadurch die Fehler mittels statistischer Methoden ausgleichen lassen. Geht man in Gl. (23) zu kumulativen Summen über, d. h. summiert man in jeder Abtrocknungsperiode von Termin zu Termin die Wasserhaushaltsgrößen auf, so erhält man

$$\sum_i \mathrm{AET} = \sum_i N - \sum_i W = \sum_i N - (FG_i - FG_A) . \quad (24)$$

Die Summierung erfolgt jeweils vom Anfang der Abtrocknungsperiode (Schicht-Bodenfeuchte FG_A) bis zu dem einzelnen Meßtermin i der Periode, so daß man mit Gl. (24) stetig ansteigende Verdunstungskurven erhält. Durch dieses Verfahren läßt sich z. B. bei der Verwendung einer Abtrocknungsperiode von 9 Messungen (=45 Tage) die Meßunsicherheit auf ein Drittel verringern. Die Verwendung mehrerer Abtrocknungsperioden verbessert das Ergebnis weiter.

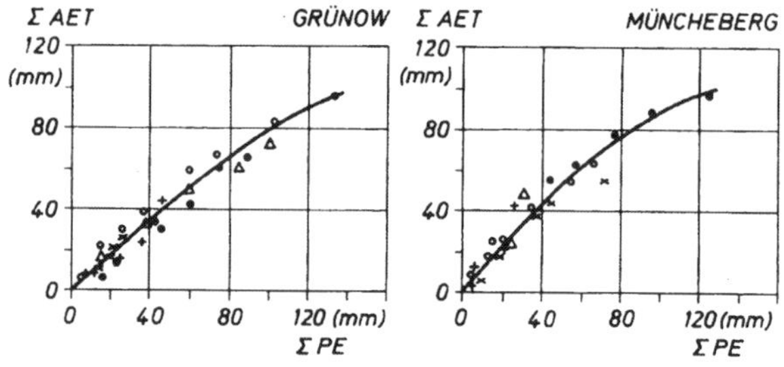

Abb. 16. Aus Bodenfeuchtemessungen in Abtrocknungsperioden berechnete Verdunstung grasbewachsener Flächen (AET) in Abhängigkeit von der Kesselverdunstung (PE), dargestellt als kumulative Summenkurven (Werte einer Abtrocknungsperiode sind mit gleichen Symbolen gekennzeichnet)

Abb. 16 bringt Beispiele für dieses Verfahren. Von den Stationen Grünow und Müncheberg sind mehrere Abtrocknungsperioden mittels unterschiedlicher Symbole gekennzeichnet. Auf der Ordinate ist die nach Gl. (24) errechnete Verdunstung, auf der Abszisse zum Vergleich die Verdunstung einer 3 m² großen Wasserfläche (PE) dargestellt, wobei jeweils kumulativ von Termin zu Termin aufsummiert wurde. Die eingetragenen Kurven gleichen die Schwankungen durch die Meßunsicherheit der Bodenfeuchtewerte aus. Auf den aus den Abbildungen erkennbaren Zusammenhang zwischen den beiden Verdunstungsgrößen wird später eingegangen.

6.2. Modelle zur Berechnung der Verdunstung aus potentiellen Verdunstungswerten

Da gegenwärtig die direkte Messung der Verdunstung bewachsener Flächen noch sehr aufwendig ist und auf wenige Standorte beschränkt bleiben muß, spielt ihre rechnerische Abschätzung mit Hilfe von Modellansätzen eine große Rolle. Als leichter meßbare Hilfsgröße wird dabei meist die sogenannte potentielle Verdunstung verwendet. Man unterscheidet:

potentielle Evaporation PE als Verdunstung einer freien Wasserfläche bzw. eines unbewachsenen, maximal durchfeuchteten Bodens,
potentielle Evapotranspiration PET als Verdunstung eines kurzen, grünen, den Boden vollständig bedeckenden, gleichmäßig hohen Pflanzenbestandes bei ausreichender Wasserversorgung (Penman 1956).

Bei dem Begriff „Evapotranspiration" soll die Zusammensetzung der Verdunstung aus den Komponenten Evaporation (aus dem Boden) und Transpiration (aus den Pflanzen) zum Ausdruck kommen. Dagegen weist van Eimern (1968) darauf hin, daß bei einem geschlossenen Pflanzenbestand die Evaporation sehr gering ist und schlägt vor, allgemein von potentieller Verdunstung zu sprechen. Zur deutlichen Unterscheidung der verschiedenen Verdunstungsgrößen ist es jedoch zweckmäßig, die wirkliche Verdunstung eines Pflanzenbestandes als *aktuelle Evapotranspiration* AET zu bezeichnen.

Die Größe PE wird z. B. mit dem im Stationsnetz des Meteorologischen Dienstes der DDR eingesetzten Verdunstungskessel von 3 m^2 Wasserfläche und 0,60 m Tiefe gemessen (Richter 1965). Die Größe PET ergibt sich angenähert aus den Messungen mit der von Thornthwaite u. a. (1946) vorgeschlagenen und von Mather (1954) modifizierten Evapotranspirometeranlage, die in der DDR an drei Stationen vorhanden ist (Wendling 1975). Diese Anlage mißt die Durchsickerung D von 4 Behältern (insgesamt 7 m^2 Oberfläche und 1 m Tiefe), die mit Boden gefüllt und mit kurzgehaltenem Gras bewachsen sind. Die Behälter erhalten eine tägliche Wasserzugabe Z von mehr als dem zu erwartenden Maximalwert der Verdunstungsrate. Dadurch ist der Behälter immer ausreichend mit Wasser versorgt. Es gilt dann:

$$\mathrm{PET} = N + Z - D\,. \qquad (25)$$

Weiterhin liegen eine Vielzahl von Formeln zur Abschätzung der potentiellen Verdunstung aus Klimadaten vor (s. Zusammenstellung bei WMO 1966).

Die potentielle Evapotranspiration soll am natürlichen Standort dann auftreten, wenn die Bodenfeuchte im Bereich der Feldkapazität liegt bzw. wenn Flächen regelmäßig künstlich beregnet werden. Trocknet der Boden aus, so verringert sich durch die Erhöhung des Verdunstungswiderstandes der Wasserentzug aus dem Boden im Vergleich zu dem potentiellen Wert, d. h., der Quotient AET/PET nimmt kontinuierlich ab. Diesen Vorgang beschreiben die Reduktionsfunktionen der potentiellen Verdunstung

$$R = \frac{\mathrm{AET}}{\mathrm{PET}}\,.$$

Hierzu sei auf eine umfangreiche Literaturstudie von Mäde u. Günther (1973) verwiesen.

Baier und Robertson (1966) verwenden die Reduktionsfunktionen entsprechend Abb. 17a für ihr Schätzmodell der aktuellen Verdunstung. Diese sechs „Austrocknungskurven" gelten für verschiedene Böden, Kulturen und sonstige Bedingungen. Nach der von Veihmeyer und Hendrickson stammenden Geraden A entspricht die Verdunstung bei der Austrocknung durchgehend den potentiellen Werten, was sicher nur in Ausnahmefällen gilt. Die von Thornthwaite vorgeschlagene Beziehung C wird auch von verschiedenen anderen Autoren als brauchbar bestätigt (z. B. Baier 1969), insbesondere für die Vegetation „Gras". Die Kurven D, E und F enthalten die Vorstellung, daß die Verdunstung bei der Austrocknung zunächst weitgehend der PET gleich ist und erst unter einem bestimmten Bodenfeuchtewert (angegeben als relative Bodenfeuchte von 70%, 50% bzw. 30% NWK) rasch absinkt. Der Kurve E kommt die experimentell für Weizen und Lieschgras von Mitschurin (1959) ermittelte R-Funktion sehr nahe (Abb. 17b). Die Relation B (Pierce) dagegen findet man bei mittleren PET-Werten in der Beziehung nach Eagleman (1971) in Abb. 17c wieder. Bei der R-Funktion nach Eagleman ist zusätzlich der Einfluß der Witterung, d. h. der PET des jeweiligen Tages einbezogen. In dem Schätzmodell für die

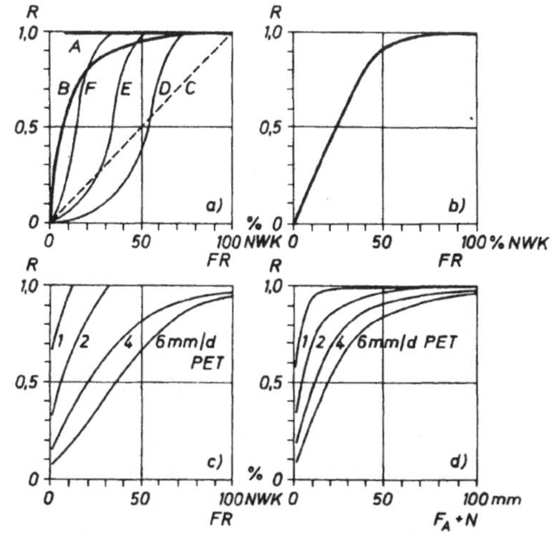

Abb. 17. Reduktionsfunktionen der potentiellen Evapotranspiration *a* — nach verschiedenen Autoren (s. Baier 1969) *b* — nach Mitscherlich (1959) für Weizen und Lieschgras *c* — nach Eagleman (1971) *d* — nach Varga-Haszonitz (1969)

aktuelle Verdunstung von BAIER und ROBERTSON (1966) ist diese Abhängigkeit von der PET ebenfalls berücksichtigt, und zwar durch einen Exponenten mit der Differenz (PET — $\overline{\text{PET}}$). Ähnlich liegen die Kurven nach VARGA-HASZONITZ (1969) in Abb. 17d, die jedoch nicht wie die anderen auf die Bodenfeuchte in % NWK, sondern auf die Summe aus Bodenfeuchtegehalt der obersten 20-cm-Schicht zu Beginn der Berechnungsperiode und der Dekadensumme des Niederschlages bezogen sind.

Auch die im Jahresverlauf veränderliche Wurzeltiefe der einzelnen Kulturen ist für die Abschätzung der Verdunstung von Bedeutung. Sie wird z. B. bei BAIER und ROBERTSON (1966) in Form eines 6-Schichten-Modells berücksichtigt. Für Weizen sind dort die verschiedenen Schichtanteile der Verdunstung angegeben.

Solange eine exakte Messung der aktuellen Evapotranspiration noch nicht überall möglich ist, bilden die genannten Modelle für agrarmeteorologische Untersuchungen zum Wasserhaushalt des Bodens eine wichtige Grundlage. Die vorliegenden Bodenfeuchtemeßreihen gestatten es, durch spezielle Ausgleichsverfahren die Modelle an die Bedingungen natürlicher Standorte anzupassen, was im folgenden gezeigt wird.

6.3. Bestimmung der potentiellen Evapotranspiration von Pflanzenbeständen

Eine grundlegende Voraussetzung der angegebenen Modelle zur Schätzung der aktuellen Evapotranspiration ist die Übereinstimmung der PET mit den wirklich erreichten maximalen Verdunstungswerten bei hoher Bodenfeuchte und voll entwickeltem Pflanzenbestand. Diese generelle Übereinstimmung muß jedoch auf Grund der vorliegenden experimentellen Ergebnisse angezweifelt werden. Einmal ergeben die nach verschiedenen Bestimmungsmethoden errechneten PET-Werte große Differenzen, wie von WENDLING (1975a) beim Vergleich von gemessener PET mit den Werten nach neun verschiedenen Rechenverfahren und der Kesselverdunstung nachgewiesen wurde. Zum anderen sind auch prinzipielle Unterschiede, z. B. zwischen der Verdunstung einer freien Wasserfläche und der potentiellen Bestandsverdunstung zu erwarten. Endlich zeigt der Vergleich der AET von Gras mit der PE in Abb. 16 bei hoher Bodenfeuchte zwar bei einer Station (Grünow) Übereinstimmung, die Kurve verläuft im unteren Teil längs der 45°-Linie. Bei der zweiten angeführten Station (Müncheberg) wäre jedoch in diesem Bodenfeuchtebereich das Verhältnis AET/PE ≈ 1,2 anzusetzen. Weitere Beispiele mit ähnlichen Abweichungen ließen sich anfügen.

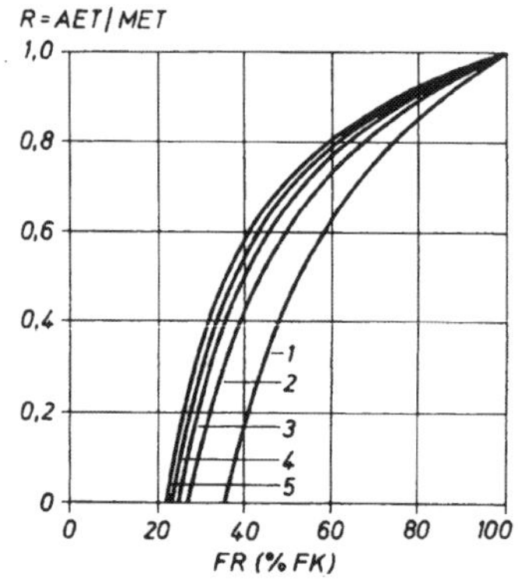

Abb. 18. Normierte Reduktionsfunktionen für die fünf Standorte 1 — Gera 2 — Grünow 3 — Müncheberg 4 — Magdeburg 5 — Groß Lüsewitz

Über die Differenzen zwischen PET und PE bestehen unterschiedliche Auffassungen. Nach VAN EIMERN (1968) ist wegen des Stomata-Widerstandes der Blätter die PET in der Regel kleiner als die PE. MCILROY und ANGUS (1964) finden dagegen eine größere PET im Vergleich zur PE und begründen das mit der größeren aerodynamischen Rauhigkeit der Vegetationsdecke gegenüber der Wasserfläche. Zu den gleichen Ergebnissen kam schon BARTELS (1933, zit. bei GEIGER 1961), der für die Eberswalder Lysimeter das Verhältnis der Verdunstung von kurzem Rasen zu der einer freien Wasserfläche an Tagen nach Regen mit 1,25 angibt. JÖRN (1974) erhielt aus mehrjährigen Messungen der PET mit Evapotranspirometeranlagen nach THORNTHWAITE—MATHER Quotienten zur Kesselverdunstung von 0,81 ... 1,16, wie aus Tab. 14 hervorgeht.

Tabelle 14
Mittlere Quotienten PET/PE aus Messungen mit Evapotranspirometeranlagen (nach JÖRN 1974)

Station	Bodenart	PET/PE
Groß Lüsewitz	sandiger Lehm	1,16
Müncheberg	lehmiger Sand	1,08
Halle	sandiger Lehm	0,81
	Lehm	0,97
	Löß	0,92

Wenn somit die als potentielle Verdunstung bezeichneten verschiedenen Werte in Schätzmodellen nicht kritiklos verwendet werden dürfen, so muß jedoch eine Verhältniszahl

$$z = \text{PET}_B/\text{PET}_S \qquad (26)$$

existieren, wobei PET_S ein Schätzwert der PET nach einem der verschiedenen hierfür vorhandenen Verfahren und PET_B die potentielle Evapotranspiration eines Bestandes (landwirtschaftliche Kulturpflanzen oder im Spezialfall kurzgehaltener Grasbewuchs) ist.

Die Größe PET_B bezeichnet die wirkliche Verdunstung natürlicher, bewachsener Standorte bei ausreichender Wasserversorgung bzw. bei Auffüllung des Bodens mit Wasser bis nahe an die Feldkapazität, wie sie sich aus direkten Messungen ergibt. Bei landwirtschaftlichen Kulturen ist dieser Wert noch von dem Entwicklungsstadium der Vegetation abhängig.

Erst die Einführung der Größe z macht die Anwendung der Reduktionsfunktionen nach Abb. 17 auf den verschiedenen Standorten möglich. Mit der Einführung von z werden gleichzeitig die Abweichungen der nach verschiedenen Verfahren bestimmten PET-Werte korrigiert.

Zur Bestimmung der PET sind die Messungen aus dem Bodenfeuchtenetz unter einer niedrigen Grasdecke gut geeignet, da dort die Wirkung der Vegetation über das ganze Jahr gleichbleibend ist. Die Übertragung der dabei gewonnenen Ergebnisse auf Feldbestände ist ausgehend von biologischen Entwicklungskurven möglich, wie z. B. PRUITT u. a. (1972) zeigen. Die Berechnung von PET erfolgt nach Gl. (24) aus zusammenhängenden Abtrocknungsperioden mit hoher Bodenfeuchte, wobei diese über 80% der Feldkapazität liegen muß. Diese Festlegung entspricht etwa den Modellansätzen von Abb. 17a (Kurven *B* und *D*) sowie 17b.

Zu den in der DDR verbreiteten Verfahren zur Bestimmung der potentiellen Verdunstung gehört neben den schon erwähnten Messungen mit Evapotranspirometeranlagen und Verdunstungskesseln auch das nach TURC (1961). Es benutzt die Strahlung und die Lufttemperatur und lautet, zur einfacheren Anwendung umgeformt (MÄDE 1975, WENDLING 1975a):

$$V_{TURC} = (a_i + b_i H) \frac{t}{t + 15} . \qquad (27)$$

Dabei ist V_{TURC} der Schätzwert der potentiellen Evapotranspirationsrate in mm/d, H die Sonnenscheindauer in h/d, t das Tagesmittel der Lufttemperatur in °C und a_i bzw. b_i sind mit dem Sonnenstand veränderliche Größen, die sich aus der Strahlung an der Obergrenze der Atmosphäre und der astronomisch möglichen Sonnenscheindauer ergeben. Die Zahlenwerte für a_i und b_i sind der Arbeit von MÄDE (1975) zu entnehmen.

Da sämtliche Stationen des Bodenfeuchtemeßnetzes auch vollständige Klimabeoachtungen durchführen, kann für alle die Berechnung von V_{TURC} erfolgen. Ausreichend lange Parallelmessungen der Kesselverdunstung stehen an fünf Stationen zur Verfügung. Dieses Material beschränkt sich nur auf die Monate April bis Oktober.

Der Faktor z muß, wie in Abschn. 6.1 angeführt, nach dem Verfahren der Ausgleichsrechnung (Minimierung der Abweichungsquadrate) bestimmt werden. Der Ansatz dafür ergibt sich aus Gl. (26) allgemein zu

$$y_i = z_j \cdot x_{ij} , \qquad (28)$$

er stellt eine lineare Regressionsbeziehung dar, die im Koordinatenursprung beginnt. Dabei ist

$$y_i = \sum_i PET_B$$

Tabelle 15

Verhältniszahl z zur Bestimmung der wirklichen potentiellen Evapotranspiration einer kurzgehaltenen Grasdecke aus Schätzverfahren (Kesselverdunstung PE, Messungen mit der Evapotranspirometeranlage PET und berechnete Werte V_{TURC})

Station (Bodenart)	*FK* Schicht 0 ... 1 m (mm)	Perioden / Termine		j	z_j	s_R (mm)
Müncheberg (Sand)	190	11/37	PE	1	1,23	7,2
			PET	2	1,10	7,3
			V_{TURC}	3	1,05	6,5
Groß Lüsewitz (lehm. Sand)	250	9/39	PE	1	1,26	6,6
			PET	2	1,11	10,0
			V_{TURC}	3	1,06	5,5
Grünow (sand. Lehm)	270	11/51	PE	1	0,91	8,8
			V_{TURC}	3	0,84	8,7
Gera (ton. Lehm)	320	14/51	PE	1	1,13	7,9
			V_{TURC}	3	0,99	10,0
Magdeburg (Löß)	330	8/36	PE	1	1,10	8,5
			V_{TURC}	3	0,78	8,9

die kumulierte Summe der potentiellen Evapotranspiration eines niedrigen Grasbestandes, berechnet aus Bodenfeuchtemessungen nach Gl. (24), aber auf hohe Bodenfeuchten ($FG \geqq 0{,}8\ FK$) beschränkt. Die x_{ij} sind die entsprechenden Summen der verschiedenen Schätzwerte der potentiellen Verdunstung, wobei geprüft wurden:

PE = Meßwerte des Verdunstungskessels ($j = 1$)
PET = Meßwerte der Evapotranspirometeranlage ($j = 2$)
V_{TURC} = nach TURC berechnete Werte ($j = 3$).

Die Ergebnisse der Berechnungen für fünf Stationen sind in Tab. 15 enthalten. Es wurden Stationen mit unterschiedlichen Bodenverhältnissen ausgewählt, so daß die Schicht-Bodenfeuchte bei Feldkapazität FK sich zwischen 190 und 330 mm bewegt. Die Ergebnisse zeigen, daß der Korrekturfaktor z zur Berechnung der wirklichen PET aus den angeführten Meß- bzw. Rechengrößen meist größer als 1 ist, d. h. alle drei Größen unterschätzen im Durchschnitt die PET einer kurzgehaltenen Grasfläche. Lediglich die Meßfläche an der Station Grünow bildet mit gesicherten z-Werten unter 1 eine Ausnahme, deren Ursachen bisher nicht geklärt werden konnten.

Die Kesselverdunstung weist meist hochgesicherte Abweichungen auf, im Mittel ergibt sich (ohne Grünow) für den Korrekturfaktor $z_1 = 1{,}18$. Die übrigen Abweichungen waren mit dem Beobachtungsmaterial von jeweils etwa 10 Abtrocknungsperioden statistisch nicht zu sichern.

6.4. Parametrisierung eines Modells zur rechnerischen Abschätzung der aktuellen Evapotranspiration

Als ein weiteres Anwendungsbeispiel der Bodenfeuchtemeßreihen soll die Parameterbestimmung für ein Schätzmodell der aktuellen Verdunstung angeführt werden, welches auf der Reduktion der aus Klimadaten berechneten potentiellen Verdunstung beruht. Dabei wurde ein früher aufgestellter Modellansatz (WEISE und WENDLING 1974) weiterentwickelt, insbesondere hinsichtlich der Form und der exakten Berechnung der Reduktionsfunktionen der potentiellen Verdunstung für die einzelnen Standorte.

Nach umfangreichen Untersuchungen mit verschiedenen Modellansätzen ergab sich für die Flächen mit Grasbewuchs als günstigste Beziehung zur Berechnung der aktuellen Evapotranspirationsrate des Tages i:

$$\text{AET}_i = \left(1 - \frac{FU}{FG_i}\right) \cdot u \cdot V_{\text{TURC}} \,. \qquad (29)$$

Dabei sind FG_i der Bodenfeuchtegehalt der Schicht 0 ... 100 cm Tiefe am Morgen des Tages i, FU der Bodenfeuchtegehalt bei größtmöglicher Austrocknung (d. h. bei $FG_i = FU$ wird $\text{AET}_i = 0$) und u ein Anpassungsparameter. Der Tag i reicht entsprechend der Regelung bei der Niederschlagsmessung von 7^{00} Uhr bis zur gleichen Uhrzeit des Folgetages.

Da nach den Ausführungen in Abschn. 6.3 bei hohen Bodenfeuchten im Bereich $FG = FK$ der Reduktionsfaktor

$$R' = \text{AET}/V_{\text{TURC}} \approx 1$$

ist, ergibt sich für den Anpassungsparameter

$$u = 1\Big/\left(1 - \frac{FU}{FK}\right). \qquad (30)$$

Nimmt man an, daß der minimale Bodenfeuchtegehalt FU etwa dem permanenten Welkepunkt entspricht, so gilt nach Angaben bei FIEDLER und REISSIG (1964) für die Größe u angenähert:

Boden	FU/FK	u
Sand	0,30	1,43
sand. Lehm	0,40	1,67
Lehm	0,43	1,75

Die Bodenfeuchte bei Feldkapazität FK kann leicht aus Meßreihen bestimmt werden. Sie wird in der Regel jedes Jahr im zeitigen Frühjahr bzw. nach starken sommerlichen Niederschlägen erreicht. Für jeden Standort sind dann FU und u aus den Meßreihen zu berechnen.

Verwendet man wieder die in Abschn. 6.1. entwickelte Methode der kumulativen Summenbildung für geeignete Abtrocknungsperioden, so ergibt sich aus Gl. (29)

$$\sum_i \text{AET} = b_1 \cdot \sum_i V + b_2 \cdot \sum_i \frac{V}{FG}, \qquad (31)$$

wobei diese Beziehung als linearer Regressionsansatz mit der Konstanten $a = 0$ und den Regressionskoeffizienten

$$b_1 = u$$
$$b_2 = -u \cdot FU$$

aufgefaßt wird. Die Wasserhaushaltsgrößen der ausgewählten Abtrocknungsperioden ergeben in der Form von kumulativen Summen die Kollektive der drei eingehenden Variablen, wobei jedoch die beiden abhängigen Variablen nicht voneinander unabhängig sind. Nach Durchführung der Regressionsrechnungen erhält man dann die (auf V_{TURC} bezogene) Reduktionsfunktion zu

$$R' = \frac{\text{AET}}{V_{\text{TURC}}} = b_1 + \frac{b_2}{FG} \quad \text{mit} \quad R' \geqq 0\,. \qquad (32)$$

Die Parameterbestimmung erfolgte mit dem Regressionsprogramm MERKØR (BESM-FØRTRAN) für

Tabelle 16

Parameter für die Schätzbeziehung der aktuellen Verdunstung, berechnet aus Abtrocknungsperioden von insgesamt n Messungen der Jahre 1968 bis 1974

Station	n	b_1	b_2	FK	FU		z_3'	s_R	B
				0 ... 1 m Tiefe					
				(mm)	(mm)	(% FK)		(mm)	(%)
Müncheberg	60	1,36	− 63	190	46	24	1,03	6,8	97,6
Groß Lüsewitz	86	1,34	− 73	250	54	22	1,06	11,7	95,3
Grünow	93	1,22	− 91	270	74	27	0,88	7,9	96,4
Gera	74	1,58	−178	320	112	35	1,03	5,9	98,6
Magdeburg	63	0,94	− 70	330	75	23	0,73	8,8	95,5

die schon in Abschn. 6.3 verwendeten Stationen aus 5 ... 7 Abstrocknungsperioden und n = 60 ... 93 Einzelmessungen (je nach dem vorhandenen Beobachtungsmaterial) der Jahre 1968 bis 1974. Die Ergebnisse enthält Tab. 16.

Aus den Regressionskoeffizienten b_1 und b_2 läßt sich der minimale Bodenfeuchtegehalt FU errechnen, der wie erwartet mit der Feldkapazität des Bodens ansteigt, bei der Löß-Schwarzerde am Standort Magdeburg jedoch wieder niedriger liegt als bei dem tonigen Lehm an der Station Gera. Als relative Bodenfeuchte (% FK) ausgedrückt ist FU für alle Standorte außer Gera fast gleich mit einem Mittel von $\overline{FU} = 24\%\,FK$.

Erreicht die Bodenfeuchte die Feldkapazität, so nimmt die R'-Funktion den Wert z_3' an, der nach den Ergebnissen in Tab. 16 meist nahe 1,0 liegt. Nur der Standort Magdeburg mit seinem sehr geschützten Meßfeld in einer Gartensiedlung bildet eine Ausnahme. Hier ist offensichtlich die Austrocknung im Vergleich zur potentiellen Verdunstung V_{TURC}, die aus den Klimadaten in 2 m Höhe berechnet wird, stark verringert. Für die vier restlichen Stationen ergibt sich im Mittel $\overline{z_3'} = 1{,}00$.

Die z_3' sind theoretisch identisch mit z_3 aus Tab. 15, und sie stimmen auch praktisch gut überein. Die Standardabweichung um die Regression s_R liegt mit 6 ... 12 mm in dem aus der Genauigkeit der Bodenfeuchte- und der Niederschlagsmessungen zu erwartenden Bereich.

Normiert man die errechnete Funktion für R' nach Gl. (32) durch die Einbeziehung der Verhältniszahl z_3' und der Relativwerte der Bodenfeuchte FR (in % der Feldkapazität), so ergibt sich

$$R = \frac{\text{AET}}{\text{PET}} = \frac{R'}{z_3'} = \frac{1}{z_3'}\left(b_1 + \frac{b_2 \cdot 100}{FR \cdot FK}\right) \qquad (33)$$

und man erhält die in Abb. 18 dargestellten Kurven. Die normierten R-Kurven werden im wesentlichen durch die Unterschiede von FU bestimmt. Wie Abb. 19 zeigt, stehen die FU in einem engen Zusammenhang zum gemessenen Minimum des Bodenfeuchtegehaltes in der Schicht 0 ... 50 cm Tiefe, wie es in trockenen Sommern erreicht wird. Lediglich die Station Magdeburg bildet aus den oben genannten Gründen wieder eine Ausnahme. Damit deutet sich die Möglichkeit einer vereinfachten näherungsweisen Bestimmung der R-Funktionen für beliebige Standorte an, wenn die dort vorliegenden Bodenfeuchtemeßreihen zur Ermittlung von FU und FK ausreichen und $z_3 = 1$ gesetzt werden kann.

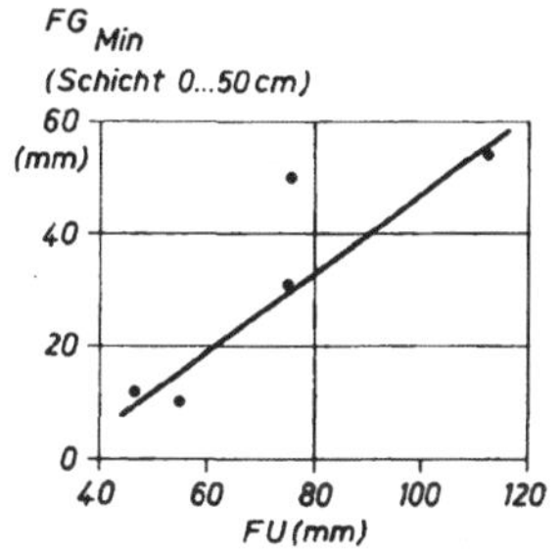

Abb. 19. Zusammenhang zwischen den berechneten minimalen Schicht-Wassermengen FU und den gemessenen Minima der Schicht-Wassermenge 0 bis 50 cm Tiefe (Stationen wie in Abb. 18)

6.5. Anwendung des Schätzmodells der aktuellen Verdunstung

Die dargelegten Ergebnisse sollen zunächst dem Nachweis dienen, daß die mit Neutronensonden gemessenen Bodenfeuchten mit den übrigen Wasserhaushaltsgrößen in sinnvoller Übereinstimmung stehen und somit im Rahmen der angegebenen Genauigkeitsgrenzen exakt sind. Weiterhin kann das entwickelte Modell zur Schätzung der aktuellen Verdunstung aus der potentiellen dienen und damit z. B. die Möglichkeit geben zur

- Prüfung von Bodenfeuchte-Meßwerten auf ihre Richtigkeit, etwa in einem EDV-Prüfprogramm,
- Ergänzung fehlender Meßwerte,
- Extrapolation von Meßreihen auf gleiche Länge,
- Interpolation des Bodenfeuchteganges von Standorten, an denen nur Messungen in größeren Zeitabständen möglich sind.

Das Modell gilt jedoch nur für Grasbewuchs. Zur Anpassung an landwirtschaftlich genutzte Standorte fehlen gegenwärtig noch entsprechende Meßreihen.

Für die genannten Anwendungen ist eine Erweiterung des Modells erforderlich, um schrittweise auch die benötigten Bodenfeuchten *FG* berechnen zu können. Ist nach Gl. (29) die aktuelle Evapotranspirationsrate des i-ten Tages unter Berücksichtigung der Schicht-Bodenfeuchte am Morgen dieses Tages bestimmt, so ist die Wasservorratsänderung W in der j-ten Bodenschicht bis zum nächsten Morgen

$$W_{j,i} = S_{(j-1),i} - S_{j,i} - k_j \cdot \mathrm{AET}_i \qquad (34)$$

mit

$j = 1$ für die Schicht 0 ... 50 cm Tiefe
$j = 2$ für die Schicht 50 ... 100 cm Tiefe
$j = 3$ für die Schicht 100 ... 150 cm Tiefe .

Dabei sind S die Sickerwassermenge aus der jeweiligen Schicht und k der Schicht-Entnahmeanteil durch Verdunstung mit $k_1 + k_2 + k_3 = 1$. Das S_0 der obersten Schicht entspricht der Niederschlagsmenge N_0, die durch die Bodenoberfläche einsickert. Bezeichnet man das Speichervermögen der j-ten Schicht zu Beginn des Tages i mit

$$SP_{j,i} = FK_j - FG_{j,i}$$

und die Wasserbilanz des Tages i mit

$$WB_i = N_{0,i} - \mathrm{AET}_i ,$$

dann ergeben sich aus Gl. (34) bei den je nach dem Niederschlag errechneten täglichen Wasserbilanzen als tägliche Bodenfeuchteänderung W_1 ... W_3 in den einzelnen Schichten:

Wasserbilanz	W_1	W_2	W_3	
$WB < 0$	$N_0 - k_1 \cdot \mathrm{AET}$	$-k_2 \cdot \mathrm{AET}$	$-k_3 \cdot \mathrm{AET}$	(35.1)
$0 \leqq WB < SP_1$	WB	0	0	(35.2)
$SP_1 \leqq WB < (SP_1 + SP_2)$	SP_1	$WB\text{-}SP_1$	0	(35.3)
$(SP_1 + SP_2) \leqq WB < (SP_1 + SP_2 + SP_3)$	SP_1	SP_2	$WB\text{-}(SP_1 + SP_2)$	(35.4)
$(SP_1 + SP_2 + SP_3) \leqq WB$	SP_1	SP_2	SP_3	(35.5)

Die Entnahmeanteile k_1 ... k_3 bei Austrocknung des Bodens lassen sich aus den Bodenfeuchtemessungen leicht berechnen, wobei wieder dieselbe Ausgleichungsmethode Anwendung fand. Es ergaben sich die in Tab. 17 zusammengestellten Zahlenwerte. Wie zu erwarten ist, sinkt der Entnahmeanteil aus der Schicht $j = 3$ mit steigender Feldkapazität von 0,12 bei Müncheberg auf 0,03 bei Gera und Magdeburg. Im gleichen Verhältnis steigt der Entnahmeanteil aus der Schicht $j = 1$.

Bei Auffüllung der Oberschicht des Bodens (Gl. (35.2)) wird angenommen, daß die Pflanzen an diesen Tagen kein Wasser aus den unteren Schichten des Bodenprofils entnehmen. Zu einem Ansteigen der Bodenfeuchte in den Schichten 2 und 3 kommt es dagegen nur, wenn die darüberliegende Schicht über ihr Speichervermögen hinaus aufgefüllt ist. Nach vollständiger Auffüllung der 3. Schicht erfolgt Versickerung in die nicht mehr erfaßten tieferen Schichten.

Tabelle 17
Entnahmeanteile k_j der Verdunstung aus den Bodenschichten $j = 1 \dots 3$ bei Austrocknung

Station	*FK* (mm) 0 ... 1 m Tiefe	*n*	k_1	k_2	k_3
Müncheberg	190	50	0,74	0,14	0,12
Groß Lüsewitz	250	86	0,75	0,18	0,07
Grünow	270	93	0,77	0,18	0,05
Gera	320	74	0,85	0,12	0,03
Magdeburg	330	68	0,90	0,07	0,03

Als Anwendungsbeispiel für das entwickelte Schätzverfahren wurden für je zwei Jahre die aktuellen Evapotranspirationsraten von Grasflächen an den Stationen Müncheberg und Grünow ausgerechnet (s. Tab. 18) und die zugehörigen Bodenfeuchte-Ganglinien gezeichnet (Abb. 20). Ausgewählt sind das extrem trockene Jahre 1971 und das feuchte Jahr 1972. Dabei wurde der Fall der Extrapolation ohne vorhandene Bodenfeuchtemessungen simuliert, d. h. die Berechnungen beginnen am 1. April mit der Schicht-Bodenfeuchte $FG = FK$, was in Grünow zu Abweichungen zwischen gemessener und berechneter Schicht-Bodenfeuchte von etwa 10 mm führt, die sich nach einiger Zeit ausgleichen. Im Mittel über die zwei Jahre betragen die Abweichungen der Schätzungen zu den Meßwerten:

Müncheberg $\overline{FG_R - FG_M} = -4$ mm, $s = \pm\ 8$ mm

Grünow $\overline{FG_R - FG_M} = +2$ mm, $s = \pm\ 12$ mm .

Mit s ist die Standardabweichung der Schätzung von den Messungen angegeben. Sie entspricht in der Größenordnung den Angaben von s_R aus Tab. 16. Die etwas größeren Schwankungen sind erklärlich durch

Tabelle 18

Ergebnisse der Verdunstungsberechnung nach dem Schätzmodell für die Jahre 1971 und 1972

Müncheberg

Monat	Dekade	1971			1972		
		N (mm)	V_{TURC} (mm)	AET (mm)	N (mm)	V_{TURC} (mm)	AET (mm)
April	I	8,7	10,5	10,7	15,1	15,2	15,5
	II	1,2	21,0	21,3	3,1	11,1	11,0
	III	6,3	16,8	16,2	4,1	17,2	17,1
Mai	I	0,0	34,5	32,0	5,3	29,6	28,4
	II	35,2	42,7	36,8	100,7	12,1	12,0
	III	22,2	23,4	19,3	13,7	32,3	32,6
Juni	I	8,2	32,5	28,3	12,2	41,8	40,5
	II	8,0	23,0	19,0	26,8	26,8	25,2
	III	60,5	28,5	21,9	6,5	31,5	29,7
Juli	I	0,0	47,1	42,4	15,0	33,2	28,9
	II	2,6	39,4	30,3	13,5	44,3	37,5
	III	0,0	49,2	28,3	44,4	35,2	29,5
August	I	0,0	42,3	14,3	12,8	33,8	28,1
	II	1,9	35,8	5,9	37,6	27,8	24,2
	III	0,6	32,2	3,6	0,9	26,5	22,8
September	I	15,6	22,5	2,0	20,0	21,9	18,5
	II	12,9	16,2	5,4	4,3	17,4	14,5
	III	8,0	15,4	7,5	21,2	10,6	9,0
Oktober	I	1,3	14,0	5,9	0,0	11,7	10,0
	II	16,1	10,8	5,5	2,8	7,4	6,4
	III	4,2	7,7	4,3	12,0	6,6	5,7
Summe		213,5	565,5	360,9	372,0	494,0	447,2
Bilanz			—352,0	—147,4		—122,0	— 75,2
AET/V_{TURC}				0,64			0,91

Grünow

Monat	Dekade	1971			1972		
		N (mm)	V_{TURC} (mm)	AET (mm)	N (mm)	V_{TURC} (mm)	AET (mm)
April	I	4,0	11,4	9,7	12,9	14,9	12,3
	II	2,3	19,4	16,3	3,5	12,1	9,9
	III	3,7	17,2	14,4	1,5	16,0	13,3
Mai	I	0,0	33,6	28,1	13,5	27,1	22,6
	II	17,2	41,9	35,3	94,5	11,7	9,3
	III	68,6	26,8	22,7	8,7	30,9	25,7
Juni	I	13,2	37,3	31,1	18,8	39,9	33,2
	II	21,8	22,3	18,5	36,7	25,3	21,2
	III	79,8	25,9	22,0	20,1	32,1	27,0
Juli	I	1,8	49,9	42,1	12,7	31,3	26,4
	II	3,2	37,3	29,3	46,0	44,2	37,2
	III	0,0	49,1	35,1	101,0	36,0	30,3
August	I	13,7	36,6	25,4	14,4	33,4	28,1
	II	3,1	34,4	21,8	40,2	27,5	23,2
	III	13,2	34,6	20,0	1,6	28,1	23,5
September	I	19,0	21,9	13,0	16,4	24,8	20,9
	II	9,4	16,9	11,1	3,0	16,6	14,0
	III	4,4	16,2	10,2	14,6	11,6	9,8
Oktober	I	0,8	14,0	8,5	0,0	12,1	10,2
	II	8,2	9,9	5,8	1,6	7,0	5,9
	III	4,4	8,2	4,9	3,0	6,5	5,4
Summe		287,1	564,8	425,3	464,7	489,1	409,4
Bilanz			—227,7	—138,2		—24,4	—55,3
AET/V_{TURG}				0,75			0,84

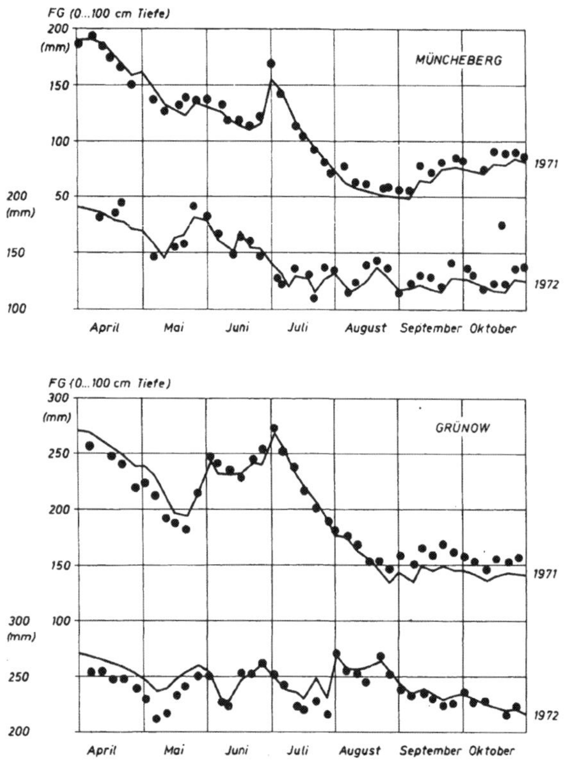

Abb. 20. Berechnete Ganglinien der Schicht-Wassermenge 0 bis 1 m Tiefe aus der Schätzbeziehung für AET an den Stationen Müncheberg und Grünow (ausgezogene Linien) und zugehörige Meßwerte (Punkte)

die Meßunsicherheit beim Niederschlag, weil hier im Gegensatz zur Parameterbestimmung in Abschn. 6.4 alle Niederschlagsperioden mit eingehen.

Wie aus Abb. 20 zu entnehmen ist, gibt das Schätzverfahren den Verlauf der Schicht-Bodenfeuchte der Meterschicht mit seinen niederschlagsbedingten Schwankungen gut wieder, d. h. die errechnete muß mit der wirklichen Verdunstung gut übereinstimmen. Die Genauigkeit ist in der Abtrocknungsphase eines jeden Jahres bis zum August am besten. Im September und Oktober unterschätzt das Modell meist den wirklichen Bodenfeuchteverlauf. Die Abweichungen erreichen aber höchstens 15 mm, das sind weniger als 4% der gesamten Verdunstung. Auch die Erhöhung der Niederschlagskorrektur von 6% auf etwa 10% würde diese Differenz ausgleichen.

Das entwickelte Schätzverfahren dürfte sich demnach für die Berechnung klimatologischer Reihen der aktuellen Verdunstung von Grasflächen eignen und könnte an allen Stationen des Bodenfeuchtemeßnetzes angewandt werden. Die Berechnungen sind auch für zurückliegende Jahre ohne Bodenfeuchtemessungen möglich.

Die Summen der AET der beiden Jahre (s. Tab. 18 unten) unterscheiden sich deutlich. Während im Trockenjahr die Verdunstung von Sandboden (Müncheberg) niedriger ist als von sandigem Lehm (Grünow), kehren sich die Relationen im feuchten Jahr um. Ursache ist der geringere Wasservorrat bzw. der geringere Verdunstungswiderstand des Sandbodens im Vergleich zu schwereren Böden.

Als ein weiteres Beispiel zur Prüfung des Schätzmodells wurde die durch stärkere Regenfälle unterbrochene Trockenperiode im Sommer 1975 ausgewählt. Es sind für drei Monate die Bodenfeuchte-Ganglinien in drei Schichten des Bodenprofils berech-

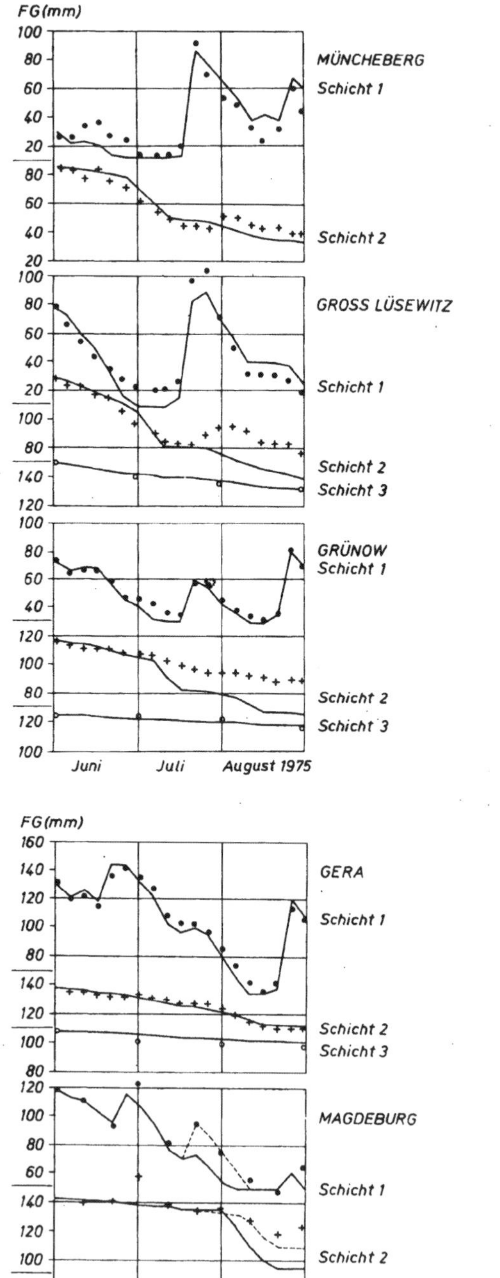

Abb. 21. Berechnete Ganglinien der Schicht-Wassermengen in den Schichten: Schicht 1: 0 bis 50 cm Tiefe, Meßwerte = . Schicht 2: 50 bis 100 cm Tiefe, Meßwerte = + Schicht 3: 100 bis 150 cm Tiefe, Meßwerte = ∘

net und den gemessenen Werten gegenübergestellt worden (Abb. 21). Die Berechnung begann jeweils mit den gemessenen Werten vom 31. Mai 1975. Die Anpassung ist bei allen fünf Stationen im allgemeinen gut, die Abweichungen liegen meist unter 10 mm. Die mittleren Differenzen gegenüber den Messungen steigen mit der Zeit an, es wird aber z. T. auch ein Ausgleich der Abweichungen erreicht (Tab. 19).

Tabelle 19
Mittlere Abweichungen der berechneten Schicht-Bodenfeuchten von den gemessenen Werten in der Zeit von Juni bis August 1975

Station	Schicht (cm)	Mittlere Abweichung $\overline{FG_R - FG_M}$ (mm)		
		nach 1. Monat	nach 2. Monat	nach 3. Monat
Müncheberg	0... 50	−8	−4	0
	50...100	+3	+1	+ 1
	100...150	—	—	—
Groß Lüsewitz	0... 50	−1	−6	− 1
	50...100	+3	−1	− 7
	100...150	+1	+1	− 1
Grünow	0... 50	−1	−2	− 2
	50...100	0	−6	−11
	100...150	−1	−1	0
Gera	0... 50	+2	−1	− 2
	50...100	+1	0	+ 1
	100...150	+4	+3	+ 3
Magdeburg	0... 50	+1	−4	− 7
	50...100	0	0	− 8
	100...150	+7	−3	0

Abb. 21 demonstriert, daß das Modell den Gang der Bodenfeuchte in der Oberschicht, in der Niederschlag und Verdunstung am stärksten zur Wirkung kommen, am besten wiedergibt. In der darunterliegenden Schicht sind an drei der fünf Stationen bei starker Austrocknung etwas größere Abweichungen zu verzeichnen. Hier wäre eine Verbesserung des Modells notwendig, möglicherweise unter Einbeziehung des kapillaren Wasseraufstiegs. Bei den Abweichungen ist zu berücksichtigen, daß es sich in dem Beispiel um die Austrocknung des Bodens in einer extremen Hitzeperiode handelte. Im allgemeinen dürfte das Schätzverfahren ausreichend genau sein, um Interpolationen fehlender Messungen vorzunehmen, wobei die Unterbrechungen nicht länger als 4 ... 6 Wochen sein sollten.

Aus den Kurven für Magdeburg lassen sich noch zwei Besonderheiten erkennen. Einmal ist am 30. 6. 75 in Schicht 1 die gemessene Schicht-Bodenfeuchte zu hoch, was sich in Schicht 2 wiederholt. Das deutet auf einen Meßfehler hin, wie er in Abschn. 5 für Groß Lüsewitz eingehend beschrieben worden ist. Die Messungen zu diesem Termin sind daher auszusondern bzw. durch die geschätzte Bodenfeuchte zu ersetzen. Zum anderen liegt am 20. 7. 75 eine Diskrepanz zwischen Bodenfeuchte- und Niederschlagsmessung vor. In die Berechnungen ging die beobachtete fünftägige Niederschlagssumme von 13,4 mm und eine Verdunstung von 9,9 mm ein, der Bodenfeuchtegehalt erhöhte sich jedoch um weitere 20 mm. Setzt man die Bodenfeuchtegehalte vom 20. 7. 75 als neue Anfangswerte für das Schätzverfahren an (gestrichelte Linien in Abb. 21), so ergeben sich wieder gute Übereinstimmungen zu den nachfolgenden Messungen. Es muß vermutet werden, daß bei den Regenfällen in der Zeit vom 16. bis 20. 7. 75 eine zusätzliche Wassermenge an die Bodenfeuchtemeßstelle gelangt ist, die 20 mm Niederschlag entspricht.

Die oben gemachten Aussagen zur Interpretation der Bodenfeuchtemeßreihen in Zusammenhang mit den Wasserhaushaltsgrößen zeigen deutlich die Leistungsfähigkeit, aber auch die Grenzen dieser Methode. Das entwickelte Schätzmodell ist genau genug, um fehlerhafte Bodenfeuchtewerte zu erkennen und zu korrigieren. Die Ergebnisse sind jedoch nur so genau, wie die Eingangsgrößen bestimmt werden können, und zwar nicht punktförmig, sondern repräsentativ für die weitere Umgebung der Station. Hier sind erfahrungsgemäß bei allen Wasserhaushaltsgrößen starke Schwankungen zu erwarten, die die Abweichungen zwischen den Messungen und den Schätzergebnissen weit übertreffen können.

7. Schlußbemerkungen

Die Erfassung der Bodenfeuchte mit Neutronensonden ist als Ergänzungsprogramm zu einem festen Bestandteil der Messungen im Netz der Meteorologischen Stationen geworden. Die dazu geschaffenen Arbeitsunterlagen und Organisationsformen haben sich bewährt. Es liegen eine ausführliche Anleitung für die Durchführung der Bodenfeuchtemessungen, Eintragungsrichtlinien, Meßprotokolle usw. vor. Die Datenübermittlung erfolgt im AGMET-Schlüssel zur sofortigen Nutzung für die Zwecke der agrarmeteorologischen Beratung. Der Strahlenschutz der Mitarbeiter ist entsprechend den gesetzlichen Bestimmungen gewährleistet und wird regelmäßig kontrolliert.

In diesem Zusammenhang möchte der Verfasser den Mitarbeitern des Meteorologischen Dienstes der DDR danken, die ihn beim Aufbau des Netzes der Bodenfeuchtemeßstellen an den Meteorologischen Stationen unterstützt haben und die kontinuierliche Durchführung der Messungen sichern. Insbesondere seien die Stationsleiter und die Mitarbeiter der Meteorologischen Stationen genannt sowie als Mitarbeiter des Forschungsinstituts für Agrarmeteorologie Halle (S.) des Meteorologischen Dienstes der DDR die Ingenieure für Meteorologie HANS-GEORG SCHELLIN und HEINZ HECKLER.

Grundlage der vorliegenden Arbeit ist die Dissertation des Verfassers, die an der Mathematisch-Naturwissenschaftlichen Fakultät der Humboldt-Universität zu Berlin verteidigt worden ist. Herrn Prof. Dr. Dr. h. c. ALFRED MÄDE sei für wesentliche Anregungen hierzu gedankt.

8. Literaturverzeichnis

ALBRECHT, F., Ein Meßgerät zur Messung des Wärmeumsatzes im Erdboden. Meteor. Z. **49** (1932) 294—299.

ANDERS, S., Zur Bodenfeuchtemessung mit der Gipsblockmethode. Arch. Acker- u. Pflanzenbau u. Bodenkd. **15** (1971) 963—969.

ANDREEV, S. V., Počvovedenie **10** (1960) 112f. (zit. bei SPRIGADE 1970).

BAIER, W., Concepts of soil moisture availability and their effect on soil moisture estimates from a meteorological budget. Agric. Meteor. **6** (1969) 165—178.

BAIER, W.; ROBERTSON, G. W., A new versatile soil moisture budget. Can. J. Plant Sci. **46** (1966) 299—325.

BAVEL, C. H. M. van; HOOD, E. E.; UNDERWOOD, N., Vertical resolution in the neutron method for measuring soil moisture. Trans. Am. Geophys. Union **35** (1954) 595—600.

BAVEL, C. H. M. van; UNDERWOOD, N.; SWANSON, R. S., Soil moisture measurements by neutron moderation. Soil Sci. **82** (1956) 29—41.

BAVEL, C. H. M. van; NIELSON, D. R.; DAVIDSON, J. M., Calibration and characteristics of two neutron moisture probes. Soil Sci. Soc. Am. Proc. **25** (1961) 329—334.

BELCHER, D. J.; CUYKENDALL, T. R.; SACK, M., The measurement of soil moisture and density by neutron and gamma-ray scattering. U.S. Civil Aeronautics Admin., Techn. Develop. Rep. Nr. **127** (1950) 20 S.

BELL, J.-P.; MCCULLOCH, J. S. G., Soil moisture estimation by the neutron method in Britain, a further report. J. Hydrol. **7** (1969) 415—433.

BESKIN, L. I.; EMEL'JANOV, V. A.; KONDRATYEV, A. A., Neutron moisture meter for saline soils. Int. Assoc. Sci. Hydrol. Publ. No. **82** (1968) 109—112 (Wageningen-Sympos. Vol. 1).

BOHNE, K., Ein Beitrag zur Eichung von Neutronensonden für Wassergehaltsmessungen in Mineralböden. Arch. Acker- u. Pflanzenbau u. Bodenkd. **19** (1975) 79—84.

BOODT, M. de, Neutron method of soil moisture determination. Int. Soil Water Sympos. Proc. 1, Prag 1967, 109—127.

BOUCHET, R. J.; ROBELIN, M., Evapotranspiration potentielle et réelle. Min. Agric. Bull. techn. Inform. Nr. 238 (1969) 215—223 (n. Ref. in Agrarmeteor. Bibliographie, Offenbach 1969)

BOUYOUCOS, G. J., Electrical resistence methods as finally perfected for making continuous measurement of soil moisture content under field conditions. Michigan State Coll. Agric. Exp. Stat. Quart. Bull. 37, Nr. 1 (1954) 132—149.

BUDYKO, M. I., Isparenie v estestvennych uslovijach. Leningrad 1948.

GERATZKI, W., Mehrjährige Vergleichsuntersuchungen zwischen gravimetrischer Methode und Neutronenmessung zur Kontrolle der Bodenfeuchte bei einem Beregnungsversuch. Landwirtsch. Forsch. **21** (1968) 292—305.

CLAUSNITZER, J., Ein vereinfachtes Verfahren zur Eichung der Neutronensonde für Bodenfeuchtigkeitsmessungen. Arch. Acker- u. Pflanzenbau u. Bodenkd. **16** (1972) 539—546.

COLE, J. A.; GREEN, M. J., Measuring soil moisture in the Brening-Catchment: Problems of using neutron scatter equipment in soil with peaty layers. Int. Assoc. Sci. Hydrol. Publ. No. 82 (1968) 74—88 (Wageningen-Sympos. Vol. 1).

COHEN, O. P., A procedure for calibration neutron moisture probes in the field. Israel J. Agric. Res. **14** (1964) 169—178.

COLMAN, E. A.; HENDRIX, T. M., The fiberglas electrical soil-moisture instrument. Soil Sci. **67** (1949) 425—438.

CZIHAK, G., Eine einfache Methode zur Bestimmung der Feuchtigkeit des Bodens. Wetter u. Leben **6** (1954) 31—37.

DANILIN, A. I., Messung der Bodenfeuchte mittels Gammastrahlen (russ.) Počvovedenie **7** (1955) 74—83.

DANILIN, A. I., Primenenie jadernych izlučenij v gidrometeorologii. Leningrad 1957.

DILKO, D., Zavisimost na zapasite vlaga počvata ot meteorologčnite uslovija i razvitieto na psenicata (Die Abhängigkeit der Feuchtigkeitsvorräte im Boden von meteorologischen Bedingungen und die Entwicklung von Weizen). Chidrol. i Meteor., Sofia **17** (1968) 3—12.

EAGLEMAN, J. R., An experimentally derived model for actual evapotranspiration. Agric. Meteor. **8** (1971) 385—394.

EIMERN, J. van, Weitere Ergebnisse der Messung der potentiellen Evapotranspiration in Freising-Weihenstephan. Meteor. Rdsch. **21** (1968) 109—113.

EIMERN, J. van; LAWRYNOWICZ, R., Erfahrungen mit der Gammasonde (Lysimetersonde) zur Messung des Bodenwassergehaltes (Bodenfeuchte). Z. Bewässerungswirtsch. **2** (1968) 142—159.

EMEL'JANOV, V. A., Gamma-luči i nejtrony v polevych počvenno-meliorativnych issledovanijach. Moskau 1962.

EMEL'JANOV, V. A., Method of measurements of soil moisture by neutronic moisture meters. Int. Soil Water Sympos. Proc. 1, Prag 1967, 143—155.

FELGNER, G.; KÖRSCHENS, M.; U. WENDLING, Vergleichende Untersuchungen zur Ermittlung des Stichprobenumfanges bei der Bestimmung der Bodenfeuchte nach verschiedenen Methoden. Arch. Acker- u. Pflanzenbau u. Bodenkd. **15** (1971) 941 bis 950.

FIEDLER, H. J.; REISSIG, H., Lehrbuch der Bodenkunde. Jena 1964.

FLEMMING, G., Zum Begriff der Hydrometeorologie. Abh. Meteor. Dienst der DDR **13** (1969) 97, 14—15.

GARDNER, W.; KIRKHAM, D., Determination of soil moisture by neutron scattering. Soil Sci. **73** (1952) 391—401.

GEIGER, R., Das Klima der bodennahen Luftschicht. 4. Aufl. Braunschweig 1961 (bzw. 3. Aufl. 1950).

GRIGOR'EVA, L. K.; ŠPACK, I. S., Die Methoden zur Abschätzung der Bodenfeuchtegehaltsänderungen in der 1-Meter-Bodenschicht von Feldern, die mit Winter- und mit frühen Frühjahrsfuttergräsern bestanden sind (russ.). Meteor. i Gidrol. Inform. Bjullet. **12** (1967) 155—160.

HALEVY, E., Nuclear techniques in hydrological investigations in the unsaturated zone. Int. Assoc. Sci. Hydrol. Publ. No. **82** (1968) 131—145 (Wageningen-Sympos. Vol. 1).

HANUS, H.; SÜSZ, A.; SCHURMANN, G., Einfluß von Lagerungsdichte, Ton- und Schluff- sowie Humusgehalt auf die Wassergehaltsbestimmung mit Neutronensonden. Z. Pflanzenernährung u. Bodenkd. **132** (1972) 4—16.

HARTGE, K. H., Versuche mit Tensiometern. Z. Kulturtechn. u. Flurber. **4** (1963) 115—123.

HEIGEL, K., Erfahrungen mit der Carbid-Methode zur raschen Bestimmung der Bodenfeuchte. Wetter u. Leben **6** (1955) 154 bis 156.

HERTZ, G., Lehrbuch der Kernphysik, Bd. 1: Experimentelle Verfahren. Leipzig 1958. Bd 2: Physik der Atomkerne. Leipzig 1960.

HESSE, W., Grundlagen der Meteorologie für Landwirtschaft, Gartenbau und Forstwirtschaft. Leipzig 1966, 568 S.

HEWLETT, J. D.; DOUGLAS, J. E.; CLUTTER, J. L., Instrumental and soil moisture variance using the neutron-scattering method. Soil Sci. **97** (1964) 19—24.

HOLLAND, D. A., The construction of calibration curves for determination water content from radiation counts. J. Soil Sci. **20** (1969) 132—140.

JÖRN, P., Die Schätzung der potentiellen Evapotranspiration einer kurzgehaltenen Grasdecke aus der Kesselverdunstung oder der Verdunstung nach TURC für die Standorte Groß-Lüsewitz, Müncheberg und Halle. Teilabschlußbericht. Meteorologischer Dienst der DDR, Forschungsinstitut für Agrarmeteorologie Halle (1974), unveröff.

KARNAUCHOVA, V. V., Količestvennoe vyraženie vizual'nych ocenok vlažnosti počvy. Meteor. i Gidrol. **10** (1962) 47—48.

KLATT, F., Die photoelektrische Bodenfeuchtigkeitsmessung (Vorl. Mitt.). Wasserwirtschaft-Wassertechnik **9** (1959) 73—80.

KOITZSCH, R., Versuche zur Bestimmung des Wassergehaltes des Erdbodens auf thermischer Grundlage. Abh. Meteor. Dienst der DDR **8** (1960) 54, 80 S.

KOITZSCH, F.; EICH, D.; REIHER, W., Einfluß der Bodenfeuchtigkeit und der Bodentemperatur auf das Dickenwachstum von Beta-Rüben. Int. Sympos. zu Fragen der Zuckerrübenprod. der Univ. Halle, 26.—29. 10. 1965.

KOITZSCH, R., Zum „inneren Meßfehler" der Feuchtemeßeinrichtung VA-N-10 bei der Bodenfeuchtigkeitsbestimmung. Vorträge auf der Tagung Hydrometeorologie 25.—27. 9. 1968, Tharandt. 10 S.

KOLEV, N., Die Bestimmung der Evapotranspiration durch Messung der Bodenfeuchte mit radiometrischen Methoden. Diss. Akademie der Landwirtschaftswissenschaften der DDR, 1978.

KÖRSCHENS, M.: WENDLING, U.; FELGNER, G., Vergleichende Untersuchungen zur Bestimmung der Bodenfeuchte nach verschiedenen Methoden. Arch. Acker- u. Pflanzenbau u. Bodenkd. **18** (1974) 155—165.

KRAMER, D.; TAEGER, H., Methodische Untersuchungen über Verfahren zur Bestimmung der Bodenfeuchte mit besonderer Berücksichtigung der Alkoholbrennmethode. Z. Landeskultur **5** (1964) 111—132.

KUTILEK, M., Direct methods of soil moisture estimation for water balance purposes. WMO-Report **14** (1971), 58 S. (IHD-Projects).

LINDNER, H., Ein Gerät zur Messung des Wassergehalts und der Temperatur des Bodens mit Thermistoren. Thaer-Archiv **8** (1964) 79—87.

LINDNER, H.; KOITZSCH, R., Vergleichende Untersuchungen zur Bestimmung der Bodenfeuchtigkeit nach verschiedenen Verfahren. Vorträge auf der Tagung Hydrometeorologie 25. bis 27. 9. 1968 in Tharandt. 10 S.

LUEBS, R. E.; BROWN, M. J.; LAAS, A. E., Determining water content of different soils by the neutron method. Soil Sci. **106** (1968) 207—212.

LÜTZKE, R., Über die Tauglichkeit der Lysimetermethode für Wasserhaushaltsuntersuchungen und Vergleichsmessungen mit Groß- und Kleinlysimetern. Besondere Mitt. Gewässerk. Jb. H. 4 (1965), 43 S.

MÄDE, A., Zur Methodik der Bodenfeuchtigkeitsmessungen. Ber. Dt. Wetterd. US-Zone **6**, H. 38 (1952) 195—197.

MÄDE, A., Zur Berechnung der potentiellen Evapotranspiration nach TURC. Z. Meteor. **25** (1975) 21—24.

MÄDE, A.; GÜNTHER, T., Aktuelle Evapotranspiration. Literaturübersicht. Lehrstuhl Agrarmeteorologie der Martin-Luther-Univ. Halle (1973), unveröff.

MARAIS, P. G.; SMIT, W. B., Effect of bulk density and of hydrogen in forms other than free water on the calibration curve of the neutron moisture meter. S. Afr. J. Agric. Sci. **5** (1962) 225—238.

MATHER, J. R., The measurement of potential evapotranspiration. Publ. in Climatology **7**, No. 1 (1954).

MORTIER, P.; BOODT, M. de; LEENHEER, L. de, Über das Auflösungsvermögen der Neutronendiffusionsmethode für Feuchtigkeitsbestimmungen im Boden. Z. Pflanzenernährung, Düngung u. Bodenkd. **87** (1959) 244—250.

NAGY, A. Z.; VERTES, P., Correction for dry bulk density in measurements with neutron moisture gauges. J. Sci. Instrum. Ser. 2, Bd. **1**, No. 11 (1968) 1097—1100.

OLBERTZ, M., Über die am Standort des Kulturbodens erfaßbaren Größen des Wasserhaushalts. Berlin 1957.

ØLGAARD, P. L., On the theory of the neutronic method for measuring the water content of soil. Danish Atomic Energy Commission, Riso Report No. 96 (1965).

PARŠIN, A. I., Zur Konzipierung von Bodenfeuchtemeßgeräten für agrarmeteorologische Zwecke (russ.) Trudy IEM Moskau **29** (1971) 3—8.

PENMAN, H. L., Estimating evaporation. Trans. Amer. Geophys. Union **37** (1956) 43—50.

PFAU, R., Wassergehalt und Beregnungsbedürftigkeit landwirtschaftlich genutzter Böden. Meteor. Rdsch. **19** (1966) 33—46.

PHILIPPS, H., Zur Theorie der Wärmestrahlung in Bodennähe. Gerlands Beitr. Geophysik **56** (1940), 229—319 (zit. bei GEIGER 1961).

PRUITT, W. O.; LOURENCE, P. J.; OETTINGER, S., Water use by crops as affected by climate and plant factors. Californ. Agric. **26** (1972) 10—14.

RAEUBER, A.; SCHWEIGER, W.; MEINL, G., Die Abhängigkeit des Wachstums verschiedener Markstamm- und Futterkohle von einigen meteorologischen Faktoren. Der Züchter **35** (1965) 111—117.

RAMSAUER, B., Kulturtechnik und Agrarmeteorologie. Z. Kulturtechn. u. Flurber. **10** (1969) 329—338.

RAZUMOVA, L. R., Prostranstvennaja izmenčivost' i sposoby učeta vlažnosti počvy na orošaemych poljach (Die räumliche Veränderlichkeit und die Verfahren zur Berücksichtigung der Bodenfeuchte auf bewässerten Feldern). Trudy Centr. Inst. Progn. Moskau **145** (1965) 3—29.

REUTER, H., Zur Theorie der nächtlichen Abkühlung der bodennahen Schicht und Ausbildung der Bodeninversion. Sitz.-Ber. Akad. d. Wiss. Wien, Math.-Naturwiss. Kl. **155** (1947) 333 bis 358.

RICHARDS, L. A., Multiple tensiometer for determination of the vertical component of the hydraulic gradient in soil. Soil Sci. Soc. Am. Proc. **18** (1954) 7—10.

RICHTER, D., Gebietsverdunstung und Wärmehaushalt. Abschlußbericht. Meteorologischer Dienst der DDR, Forschungsinstitut für Hydrometeorologie Berlin (1972), unveröff.

RICHTER, D., Erste Ergebnisse von Vergleichsmessungen zwischen international gebräuchlichen Verdunstungskesseltypen. Z. Meteor. **25** (1975), 248—258.

RINNO, G.; HEISSNER, A., Zur indirekten Bestimmung der Bodenfeuchte durch Messung der Lichtreflexion des Bodens. Arch. Gartenbau **12** (1964) 371—383.

SAPOŽNIKOVA, S. A., Mikroklimat i mestnyi klimat. Leningrad 1950.

SCHURICHT, V., Die Neutronenfeuchtemessung und ihre Anwendungsgrenzen. Diss. TU Dresden 1964, 138 S.

SINEL'ŠČIKOV, V. V., Sovremennye problemy agrometeorologičeskich issledovannij v SSSR (Gegenwärtige Probleme der agrarmeteorologischen Forschung in der UdSSR). Wiss. Z. Karl-Marx-Univ. Leipzig **17** (1968) 249—253.

STONE, J. F.; SHAW, R. H.; KIRKHAM, D., Statistical parameters and reproductibility of the neutron method of measuring soil moisture. Soil Sci. Soc. Am. Proc. **24** (1960) 435—438.

SPRIGADE, H., Die Bestimmung des Wassergehaltes in Kulturböden durch Kenntnis der komplexen Dielektrizitätskonstanten und des Verlustwinkels in Boden-Wasser-Gemischen im Frequenzbereich von 100 kHz bis 100 MHz. Diss. Math.-Naturw. Fak. Humboldt-Univ. Berlin 1970, 111 S.

THORNTHWAITE, C. W.; WILM, H. G., Report of the Committee on Evaporation and Transpiration 1945—46. Trans. Amer. Geophys. Union **27** (1946) 721—725.

THORNTHWAITE, C. W.; MATHER, J. R., The water balance. Climatology 8 (1), Dexel Inst. Techn. New Jersey, 1955, 104 S.

TURC, L., Évaluation des besois eau d'irrigation, évapotranspiration potentielle. Ann. Agronomiques **12** (1961) 13—49.

UHLIG, S., Die Untersuchung Darstellung der Bodenfeuchte. Ber. Dt. Wetterd. US-Zone **30** (1951) 39 S.

ULANOVA, E. S., Metod dolgosročnogo agrometeorologičeskogo prognoza urožaja ozimoj pšenicy po vesennim zapasam vlagi v počve i čislu ucelevšich posle perezimovki steblej. (Eine Methode der langfristigen agrarmeteorologischen Prognose des Winterweizenertrages aus der Bodenfeuchte im Frühjahr und der Bestandsdichte nach der Überwinterung). Trudy Centr. Inst. Progn. Moskau **145** (1965) 67—89.

UNGER, K., Zur Bestimmung der Bodenfeuchtigkeit durch Neutronenbremsung. VEB Vakutronik Dresden, Sonderdruck „Feuchtigkeitsmessung mittels Neutronen" 1961, 33—37.

UNGER, K., Experimentelle Untersuchungen mit Hilfe von ionisierenden Strahlen und Neutronen zur Bestimmung der witterungsbedingten Massenentwicklung von Kulturpflanzen am natürlichen Standort. Veröff. Inst. Agrarmeteor. Karl-Marx-Univ. Leipzig Bd. 2 (1963) S. 61—135.

UNGER, K.; CLAUS, St., Einfluß der Bodendichte auf radiometrische Feuchtigkeitsmessungen. Kernenergie **1** (1964) 567—570.

UNGER, K., Eichverfahren für Neutronen-γ-Sonden zur Feuchtigkeits- und Dichtemessung im Boden. Kernenergie **8** (1965) 21—25.

VANDOVA, M., Die Genauigkeit der Bestimmung des Feuchtigkeitsgehaltes in einigen Bodenarten (bulg.). Chidrol. i Meteor. **18** (1969) 43—50.

VARGA-HASZONITZ, Z., Determination of the water content and of the evaporation of bare soil. Időjárás **73** (1969) 328—334.

VERIGO, S. A., Prognoz zapasov produktivnoj vlagi v počve pod zernovymi kul'turami (Prognosen des Vorrates an produktiver Bodenfeuchte für Winterkulturen). In: Primenitimost' metodov agromet. prognozov v različnych rajonach SSSR. Red. A. V. PROCEROV u. E. S. ULANOVA. Moskau 1961, 157 S.

VETTERLEIN, E., Über methodische Ergebnisse von stationären Feuchtigkeitsmessungen in sandigen Waldböden. Z. Pflanzenernähr. **92** (1961) 16—32, 97—106.

VETTERLEIN, E., Zu Fragen der Bodenfeuchtigkeit. Abh. Meteor. Dienst der DDR **13** (1969) 97, 59—72.

VILKNER, H., Die Messung der Erdbodenfeuchtigkeit zum Zwecke der Geländeerkundung,. Angew. Meteor. **5** (1965) 113—116.

WEBER, E., Grundriß der biologischen Statistik. 3. Aufl. Jena 1957 bzw. 4. Aufl. Jena 1961.

WEISE, K., Über Erfahrungen mit der Neutronensonde bei Bodenfeuchtigkeitsmessungen sandiger Böden unter Feldbedingungen. Thaer-Arch. **14** (1970) 233—244.

WEISE, K.; WENDLING, U., Zur Berechnung des Bodenfeuchteverlaufes aus meteorologischen und bodenphysikalischen Größen. Arch. Acker- u. Pflanzenbau u. Bodenkd. **18** (1974) 145 bis 154.

WEISE, K.; WENDLING, U., Bodenkundliche und meteorologische Parameter zur Einschätzung der Beregnungsbedürftigkeit grundwasserferner Böden. Arch. Acker- u. Pflanzenbau u. Bodenkd. **19** (1975) 27—38.

WENDLING, U., Bemerkungen zur Eichung von Neutronensonden. Thaer-Arch. **11** (1967) 1105—1116.

WENDLING, U., Erste Erfahrungen bei der netzmäßigen Bestimmung der Bodenfeuchtigkeit mit Neutronensonden. Geodät. u. Geophys. Veröff. Reihe IV, H. 5 (1969) 31—35, (1969a).

WENDLING, U., Bemerkungen zur Genauigkeit der Bodenfeuchtemessung mit der Neutronensonde. Abh. Meteor. Dienst der DDR **13** (1969) 97, 75—77, (1969b).

WENDLING, U., Eignung einer Neutronensonde für die oberste Bodenschicht zu Bodenfeuchtemessungen in der Agrarmeteorologie. Abh. Meteor. Dienst der DDR **13** (1970) 100, 115—123.

WENDLING, U., Zur Abschätzung der Verdunstung und der klimatischen Wasserbilanz für die landwirtschaftliche Praxis. Arch. Acker- u. Pflanzenbau u. Bodenkd. **16** (1972) 119—205.

WENDLING, U., Zur Messung und Schätzung der potentiellen Verdunstung. Z. Meteor. **25** (1975) 103—111.

WMO Measurement and estimation of evaporation and evapotranspiration. WMO-Nr. 201 (Techn. Note 83), Genf 1966, 119 S.

TGL 31 222/01, Fachbereichstandard: Physikalische Bodenuntersuchung, Begriffe und Formelzeichen. Akademie der Landwirtschaftswissenschaften der DDR, Berlin, 1. 10. 1977.

TGL 11 461/08, Fachbereichstandard: Baugrundmechanik, Prüfungen im Feld, Sondierungen mit radiometrischer Tiefensonde. WTZ Industriebau, Dresden, 19. 4. 1977.

Kolibri 360 GmbH
Ferdinand-Jühlke-Straße 7
99095 Erfurt, Deutschland
produktsicherheit@kolibri360.de